SCHRIFTENREIHE
DER INSTITUTE FÜR MATHEMATIK

BEI DER DEUTSCHEN AKADEMIE DER WISSENSCHAFTEN
ZU BERLIN

Herausgeber: Heinrich Grell, Josef Naas, Hans Reichardt, Willi Rinow,
Kurt Schröder, Karl Schröter, Hans-Jürgen Treder

REIHE B

ANGEWANDTE MATHEMATIK UND MECHANIK

HEFT 9

OPERATIONSFORSCHUNG UND MATHEMATISCHE STATISTIK II

AKADEMIE-VERLAG · BERLIN
1970

Operationsforschung und mathematische Statistik II

OPERATIONSFORSCHUNG UND MATHEMATISCHE STATISTIK

II

Herausgegeben von
Prof. Dr. rer. nat. habil. OLAF BUNKE
Institut für Angewandte Mathematik und Mechanik
der Deutschen Akademie der Wissenschaften zu Berlin
und
Humboldt-Universität zu Berlin

Mit 3 Tafeln

AKADEMIE-VERLAG · BERLIN
1970

Institut für Angewandte Mathematik und Mechanik, 108 Berlin, Mohrenstr. 39
Erschienen im Akademie-Verlag GmbH, 108 Berlin, Leipziger Straße 3 – 4

Lizenznummer: 202 · 100/400/70
Gesamtherstellung: VEB Druckerei „Thomas Müntzer", 582 Bad Langensalza
Bestellnummer: 2069/B/9 · ES 19 B 5
18,–

Herrn Professor Dr. Kurt Schröder
zum 60. Geburtstag gewidmet

VORWORT

Etwa seit Ende der vierziger Jahre haben sich eine Reihe von mathematischen Theorien und Methoden entwickelt und ihre praktische Anwendung gefunden, die unter den Sammelbegriffen „Operations Research“, „Unternehmensforschung“ oder auch „Operationsforschung“ bekannt sind. Hierzu zählt man beispielsweise die Methoden der linearen, nichtlinearen und dynamischen Optimierung, die Theorie strategischer Spiele, Netzwerkmethoden, Methoden der Ablaufplanung, bestimmte Methoden der Bedienungs- und Zuverlässigkeitstheorie, Ersatztheorie, Monte-Carlo-Methoden, Input-Outputanalyse bzw. Verflechtungsbilanzierung. Die beiden letztgenannten gehören zu einem Komplex von Methoden zur Modellierung ökonomischer und technologischer Prozesse, der den Gebieten „Mathematische Ökonomie“ und „Ökonometrie“ zugeordnet wird. Hier ordnen sich beispielsweise die Theorie der Angebots-, Nachfrage-, Konsumtions- bzw. Produktionsfunktionen, die Aggregationstheorie, volkswirtschaftliche Wachstumsmodelle, Markt- und Konkurrenzmodelle usw. ein. In der Ökonometrie spielen die Methoden der Mathematischen Statistik eine ausschlaggebende Rolle, da die Analyse von ökonomischen Prozessen auf den verschiedenen Ebenen der Volkswirtschaft und die Prognose der Entwicklung ökonomischer oder technologischer Kennziffern auf Grund einer statistischen Auswertung von empirischen Daten durchgeführt werden muß. Die Methoden der Regressions- und Korrelationsanalyse, die Zeitreihenanalyse, Testverfahren und auch zunächst rein wahrscheinlichkeitstheoretische Disziplinen, wie die Theorie der Markowschen Prozesse oder der stochastischen Differential- und Differenzengleichungen werden hier herangezogen. Neben den klassischen Anwendungsgebieten der Mathematischen Statistik bei der Auswertung von Versuchen und Stichprobenerhebungen in den Naturwissenschaften, in der Medizin, Landwirtschaft, in einigen gesellschaftswissenschaftlichen Disziplinen, wie beispielsweise in der Soziologie, im Versicherungswesen und neben seit ungefähr 30 Jahren immer umfangreicheren Anwendungen in der Industrie, beispielsweise bei der statistischen Qualitätskontrolle, sind die Anwendungen in der Ökonomie zu einem wichtigen Faktor bei der Aktivierung der statistischen Forschung geworden.

Auf Grund des überaus großen Anwendungsbereiches der Methoden aus dem bereits umrissenen Gebiet bei der wissenschaftlichen Bearbeitung von naturwissenschaftlichen, technischen, technologischen und gesellschaftlichen Prozessen und Systemen kommt diesem Teilgebiet der Mathematik gegenwärtig und auch zukünftig eine äußerst große Bedeutung zu, zumal durch seine Anwendung — insbesondere in Verbindung mit der Elektronischen Datenverarbeitung — ein außerordentlich hoher ökonomischer Nutzen verbunden ist. Daraus erklärt sich auch die großzügige Förderung und Unterstützung der Grundlagen- und Anwendungsforschung, die in allen industriell hochentwickelten Ländern diesem Gebiet zuteil wird. Wichtige Anwendungsgebiete sind insbesondere unter sozialistischen Produktionsverhältnissen die Analyse, Planung, Leitung und die Kontrolle wirtschaftlicher Systeme auf den Ebenen der Gesamtvolkswirtschaft, der Wirtschaftszweige, der VVB und der Betriebe sowie von Einrichtungen z. B. des Handels und des Transport- und Nachrichtenwesens. Besonders zu erwähnen ist die heute unumstrittene Bedeutung der genannten Methoden für das Militärwesen, wo zum Teil der Ausgangspunkt mehrerer wichtiger Verfahren der Operationsforschung und Statistik zu finden ist.

In der DDR sind in den letzten Jahren mehrere ausgezeichnete Lehrbücher und Monographien über Operationsforschung und Mathematische Statistik erschienen, wie z. B. die Bücher von Churchman-Ackoff-Arnoff, Nemzimow, Kornai, Krekó, Judin-Goldstein, Berge-Ghouila-Houri, Vogel und Piehler sowie von Fisz, E. Weber, Smirnow-Dunin-Barkowski, Störmer, Fabian und Rasch.

In der Industrie, in Planungs- und Leitungsorganen sowie in wissenschaftlichen Einrichtungen ist ein stark wachsender Bedarf nach einer Anwendung von Methoden aus den genannten Gebieten vorhanden. Demgemäß kommt einer Ausbildung geeignet spezialisierter Mathematiker, Ökonomen und Ingenieure sowie einer umfassenden Aus- und Weiterbildung von Stundenten und bereits in der Praxis tätigen Wissenschaftlern fast aller Fachrichtungen eine immer größer werdende Bedeutung zu.

In Verbindung mit dieser Entwicklung und auf Grund der zwingenden Notwendigkeit eines ausreichenden wissenschaftlichen Vorlaufes für die Anwendungen der Operationsforschung und Mathematischen Statistik nimmt die mathematische Grundlagenforschung einen bemerkenswerten Aufschwung. Im ersten Band der Reihe Operationsforschung und Mathematische Statistik sind einige der im Jahre 1967 abgeschlossenen Arbeiten veröffentlicht worden.

Im vorliegenden zweiten Band wurden weitere bereits im Jahre 1968 abgeschlossene Originalarbeiten aufgenommen, in denen neue theoretische Erkenntnisse bzw. Lösungsverfahren für Probleme der linearen Optimierung, Bedienungstheorie, optimalen Versuchsplanung, Entscheidungstheorie und Regressionsanalyse enthalten sind. Die mathematischen Probleme entstehen bei wichtigen praktischen Fragestellungen im Anwendungsbereich der genannten Gebiete.

Wie auch der erste wendet sich dieser Band an Mathematiker sowie an mathematisch interessierte Ökonomen, Ingenieure und Naturwissenschaftler.

Berlin, Februar 1969 Olaf Bunke

INHALTSVERZEICHNIS

P. FRANKEN: Ein Stetigkeitssatz für Verlustsysteme 9

H.-J. ROSSBERG: Verschärfung eines Satzes von B. A. ROGOZIN über extremale Eigenschaften der Wartemodelle *D/G/1* und *GI/D/1* 25

H.-J. HAESKE: Eine verallgemeinerte Behandlung der Integralgleichung von G. F. YEO nach einer Methode von H.-J. ROSSBERG 31

H. BANDEMER: Zur Optimierung des Stichprobenumfangs 39

H. FOLTYS: Optimale Entscheidungsfunktionen für die Anordnung von zufälligen Variablen nach der Größe ihrer Parameter bei unbekannten Störparametern 53

J. GRIMM: Die Konfidenzintervallmethode zur Konstruktion zweistufiger Tests mit vorgegebenen Irrtumswahrscheinlichkeiten erster und zweiter Art 95

H. TOUTENBURG: Über die Wahl zwischen erwartungstreuen oder nichterwartungstreuen Vorhersagen 107

Ein Stetigkeitssatz für Verlustsysteme

Von Peter Franken[1])

Es wird gezeigt, daß die stationären Belegungswahrscheinlichkeiten eines vollkommenen Verlustsystems stetig vom Verteilungsgesetz der Folge der Ankunftszeitpunkte von Anrufen und vom Verteilungsgesetz der Bedienungszeit abhängen.

Über die zufällige Punktfolge der Ankunftszeitpunkte von Forderungen werden in der Bedienungstheorie i. allg. recht einschränkende Voraussetzungen gemacht; man verlangt z. B., daß diese Punktfolgen Poissonsch, rekurrent oder wenigstens semimarkowsch sind.

Andererseits wurde in der Theorie der zufälligen Punktfolgen eine Reihe von Grenzwertsätzen bewiesen, die sich mit der Approximation (im Sinne der schwachen Konvergenz) von verschiedenen Klassen von Verteilungsgesetzen zufälliger Punktfolgen durch spezielle Verteilungsgesetze befassen, vgl. [1], [2], [3], [4].

Es ist daher von Interesse zu prüfen, ob die Charakteristika von Bedienungssystemen stetig vom Verteilungsgesetz der Folge der Ankunftszeitpunkte abhängen, d. h. ob bei der schwachen Konvergenz von Verteilungsgesetzen der Folge der Ankunftszeitpunkte die Systemcharakteristika mitkonvergieren.

Diese Frage wird in der vorliegenden Note für Verlustsysteme positiv beantwortet. Es wird darüber hinaus die stetige Abhängigkeit der Systemcharakteristika vom Verteilungsgesetz der Bedienungszeit nachgewiesen. Die Ergebnisse gelten auch für Systeme mit unendlich vielen Bedienungsapparaten.

Diese Systeme treten vorwiegend in der Fernsprechvermittlungstechnik auf. Wir benutzen daher die dort üblichen Bezeichnungen (Anruf, Gesprächslänge, Bündel von Leitungen).

Im Abschnitt 1 modellieren wir die Struktur des einlaufenden Verkehrs, d. h. der Folge der Ankunftszeitpunkte von Anrufen und der dazugehörigen potentiellen Gesprächslängen. Im Abschnitt 2 beschreiben wir das gesamte System „Verkehr–Bündel". Wir zeigen, daß zu jeder stationären Verteilung des einlaufenden Verkehrs ein eindeutig bestimmtes statistisches Gleichgewicht des gesamten Systems existiert. Abschnitt 3 enthält die Formulierung und den Beweis des Stetigkeitssatzes. Im Abschnitt 4 befassen wir uns mit einigen Anwendungen der Ergebnisse der vorangehenden Abschnitte.

---

[1]) IAMM, DAdW, 108 Berlin, Mohrenstr. 39

1. Zur mathematischen Beschreibung des einlaufenden Verkehrs benötigen wir einige Begriffe aus der Theorie der zufälligen markierten Punktfolgen, [5], Kap. 4. [1])

Es sei $[K, \mathfrak{K}]$ ein meßbarer Raum, $\mathfrak{R}$ die σ-Algebra der BOREL-Mengen der reellen Achse R, $\mathfrak{R} \times \mathfrak{K}$ die kleinste σ-Algebra der Mengen aus $R \times K$, die alle Mengen $B \times L$ mit $B \in \mathfrak{R}$ und $L \in \mathfrak{K}$ enthält. Wir nennen $[x, k] \in R \times K$ einen *markierten Punkt mit dem Ort x und der Marke k*. Eine abzählbare Teilmenge Ψ von $R \times K$ heißt *markierte Punktfolge* (m. Pf), wenn

a) Ψ nicht zwei verschiedene Punkte mit dem gleichen Ort enthält,

b) die Orte der markierten Punkte aus Ψ in R keinen Häufungspunkt besitzen.

Ist x der Ort eines markierten Punktes aus Ψ, so schreiben wir dafür $x \dot{\in} \Psi$.

Sei M_K die Menge aller m. Pf. Für jedes $X \in \mathfrak{R} \times \mathfrak{K}$ sei $\Psi(X)$ die Anzahl der Punkte von $\Psi \cap X$. Sei $\mathfrak{M}_{\mathfrak{K}}$ die kleinste σ-Algebra von Mengen aus M_K, bezüglich der die Abbildungen

$$\Psi \to \Psi(I \times L)$$

für alle beschränkten Intervalle I und alle $L \in \mathfrak{K}$ meßbar sind.

Ein Wahrscheinlichkeitsfeld der Gestalt $[M_K, \mathfrak{M}_{\mathfrak{K}}, Q]$ nennen wir eine *zufällige markierte Punktfolge* (z. m. Pf).

Jedem Anruf entspricht ein markierter Punkt $[x, k]$, wobei x der Ankunftszeitpunkt des Anrufs und k die mit dem Anruf verbundene potentielle Gesprächslänge ist. Nehmen wir an, daß in einem Zeitpunkt höchstens ein Anruf eintreffen kann, so können wir den *einlaufenden Verkehr*, d. h. die Folge der Ankunftszeitpunkte der Anrufe und der potentiellen Gesprächslängen als eine zufällige markierte Punktfolge der Gestalt $[M_D, \mathfrak{M}_{\mathfrak{D}}, Q]$ auffassen, wobei $D = [o, \infty]$ und $\mathfrak{D}$ die σ-Algebra der BOREL-Mengen von D ist. Das Verteilungsgesetz Q bezeichnen wir dann als *Verteilungsgesetz des einlaufenden Verkehrs*.

Besteht K nur aus einem Element, so verzichtet man auf die Angabe der Marken. Demgemäß verstehen wir unter einer Punktfolge eine abzählbare Teilmenge von R, die keine endlichen Häufungspunkte besitzt. Die Menge aller Punktfolgen bezeichnen wir mit M, die analog zu $\mathfrak{M}_{\mathfrak{K}}$ gebildete σ-Algebra von Teilmengen von M bezeichnen wir mit $\mathfrak{M}$. Ein Wahrscheinlichkeitsfeld der Form $[M, \mathfrak{M}, P]$ nennen wir *zufällige Punktfolge* (z. Pf).

Interessieren wir uns beim einlaufenden Verkehr $[M_D, \mathfrak{M}_{\mathfrak{D}}, Q]$ nur für die Ankunftszeitpunkte der Anrufe, so erhalten wir eine zufällige Punktfolge $[M, \mathfrak{M}, P]$. Genauer gesagt, wir betrachten die meßbare Abbildung

$$\Psi \to \Phi = \{x : x \dot{\in} \Psi\}$$

von M_D in M, diese Abbildung führt Q in P über.

Jeder z. Pf $[M, \mathfrak{M}, P]$ und jedem Verteilungsgesetz p auf $\mathfrak{K}$ kann man auf folgendem Wege eine z. m. Pf $[M_K, \mathfrak{M}_{\mathfrak{K}}, Q]$ zuordnen: Für jedes $\Phi \in M$ sei $K_{(\Phi)}(\cdot)$ das Verteilungsgesetz von $\bigcup_{x \in \Phi} \{[x, k_x]\}$, wobei $(k_x)_{x \in \Phi}$ unabhängige identisch gemäß p verteilte zufällige Elemente von $[K, \mathfrak{K}]$ sind. Für jedes

[1]) In Beweisen benutzen wir zufällige Punktfolgen mit Vielfachheiten, deren Theorie in [6] dargestellt ist. Im Interesse der Verständlichkeit wollen wir bei den Konstruktionen auf Vielfachheiten verzichten.

$X \in \mathfrak{M}_{\mathfrak{K}}$ ist $K_{(\Phi)}(X)$ in Φ meßbar. Wir setzen

$$Q(\cdot) = \int_M K_{(\Phi)}(\cdot)\, P(\mathrm{d}\Phi)$$

und sagen, *daß Q aus P durch unabhängige Markierung mit der Markenverteilung p entsteht.*

Sei H die Verteilungsfunktion einer nichtnegativen zufälligen Zahl. In der Bedienungstheorie wird zumeist angenommen, daß die potentiellen Gesprächslängen untereinander und von der Folge der Ankunftszeitpunkte der Anrufe unabhängige, identisch gemäß H verteilte Zufallsgrößen sind. Die Verteilungsfunktion H bezeichnet man als *Gesprächslängenverteilung*. Das Verteilungsgesetz des einlaufenden Verkehrs Q entsteht in diesem Fall aus dem Verteilungsgesetz P der Folge der Ankunftszeitpunkte durch unabhängige Markierung mit der Markenverteilung H. Wir drücken diese Tatsache durch die Bezeichnung $Q = (P)_H$ aus.

Wir numerieren die Elemente einer m. Pf. entsprechend der Reihenfolge ihrer Orte, wobei wir $x_{-1} < 0 \leqq x_0$ setzen. Jedes von $\emptyset$ verschiedene Ψ kann dann in der Form

$$\{[x_i, k_i]\}_{-m-1<i<n}, \qquad o \leqq m, n \leqq \infty$$

dargestellt werden.

Für alle reellen t definieren wir auf M_K den *Verschiebungsoperator* T_t durch die Vorschrift

$$[x, k] \in T_t\,\Psi \text{ genau dann, wenn } [x + t, k] \in \Psi\,.$$

Ein Verteilungsgesetz Q auf $\mathfrak{M}_{\mathfrak{K}}$ heißt *stationär*, wenn es bezüglich aller T_t invariant ist. Für jedes stationäre Q und jedes $L \in \mathfrak{K}$ gilt

1.1. $Q\big(\Psi(R\times L) = O \quad oder \quad \Psi((-\infty, O)\times L) = \Psi((O, \infty)\times L) = \infty\big) = 1\,.$

Das durch die Vorschrift $\nu_Q(\cdot) = \mathsf{E}_Q\,\Psi(\cdot)$ definierte Maß auf $\mathfrak{R}\times\mathfrak{K}$ nennen wir *Intensitätsmaß* von Q.

Sei $f(t, k)$ eine meßbare nichtnegative reelle Funktion auf $R\times K$ und sei $I_f(\Psi) = \sum_{[x,k]\in\Psi} f(x, k)$. Es gilt dann

1.2. $\mathsf{E}_Q\big(I_f(\Psi)\big) = \int_{M_K} I_f(\Psi)\, Q(\mathrm{d}\Psi) = \int_{R\times K} f(x)\, \nu_Q(\mathrm{d}x)\,.$

Für jedes stationäre Q auf $\mathfrak{M}_{\mathfrak{K}}$ und beliebige $B \in \mathfrak{R}$, $L \in \mathfrak{K}$ gilt

$$\nu_Q(B\times L) = \lambda_Q(L)\,\mu(B)\,,$$

wobei μ das LEBESGUEsche Maß und $\lambda_Q(L) = \mathsf{E}_Q\,\Psi([0, 1]\times L)$ ist. Für jedes stationäre Q ist $\lambda_Q(L)$ ein Maß auf $\mathfrak{K}$. Die Größe $\lambda_Q = \lambda_Q(K)$ nennen wir *Intensität* von Q.

Gilt $0 < \lambda_Q < \infty$, so kann man $\lambda_Q(L)\,\lambda_Q^{-1}$ als Wahrscheinlichkeit dafür deuten, daß die Marke eines „zufällig herausgegriffenen" Punktes aus Ψ in L liegt (vgl. [5], S. 79–80).

Wir nennen eine Folge (P_n) von Verteilungsgesetzen auf $\mathfrak{M}$ *schwach konvergent gegen eine Verteilungsgesetz P auf $\mathfrak{M}$* ($P_n \underset{n\to\infty}{\Rightarrow} P$), falls folgende Bedingung erfüllt ist: Für jede endliche Folge $I_1, \ldots, I_l$ offener beschränkter Intervalle I_i

$= (a_i, b_i)$ mit der Eigenschaft

$$\mathsf{P}\big(\Phi(a_1, \ldots, a_l, b_1, \ldots, b_l) > 0\big) = 0$$

strebt die bezüglich P_n gebildete Verteilung von

$$[\Phi(I_1), \ldots, \Phi(I_l)]$$

gegen die bezüglich P gebildete Verteilung dieses Vektors.

2. Wir betrachten ein als Verlustsystem arbeitendes Bündel aus m Leitungen. Der Einfachheit halber nehmen wir an, daß das Bündel geordnet ist; die Leitungen sind durchnumeriert, beim Eintreffen eines Anrufes wird diejenige freie Leitung belegt, die die kleinste Nummer hat. Auf die gewonnenen Ergebnisse hat diese Annahme keinen Einfluß.

Den Zustand des Bündels zu einem beliebigen Zeitpunkt t erfassen wir mit Hilfe eines Paares $z = (g, d)$ mit $g, d \in D^m$, $D = [0, \infty)$. Der Vektor g mit den Komponenten g_i

$$g_i = \begin{cases} 0\,, & \text{falls die } i\text{-te Leitung frei ist,} \\ 1\,, & \text{falls die } i\text{-te Leitung besetzt ist,} \end{cases}$$

beschreibt den sogenannten Grobzustand des Bündels (vgl. [5]).

Ist die i-te Leitung besetzt ($g_i = 1$), so bezeichnet die Komponente d_i des Vektors d die restliche Gesprächslänge des zur Zeit t auf der i-ten Leitung laufenden Gespräches (die i-te Leitung wird zum Zeitpunkt $t + d_i$ zum ersten Mal wieder frei); ist $g_i = 0$, so setzen wir $d_i = 0$.

Sei G die Menge aller Grobzustände g des Bündels, Z die Menge aller Zustände z des Bündels, $g(z)$ der einem $z \in Z$ entsprechende Grobzustand, Z_g die Menge aller $z \in Z$ mit $g(z) = g$. Den Zustand $\big((0, \ldots,), (0, \ldots, 0)\big)$ wollen wir kurz mit $(0, \ldots, 0)$ oder 0 bezeichnen. Sei ferner $b(g) = \sum_{i=1}^{m} g_i$. Für $g \neq (0, \ldots, 0)$ ist Z_g zu $D^{b(g)}$ isomorph.

Vermöge

$$\varrho_Z\big((g_1, d_1), (g_2, d_2)\big) = \varrho_{D^m}(g_1, g_2) + \varrho_{D^m}(d_1, d_2)\,,$$

wobei ϱ_{D^m} die euklidische Metrik in D^m ist, wird in $Z = \bigcup_{g \in G} Z_g$ eine Metrik definiert. Der metrische Raum $[Z, \varrho_Z]$ ist vollständig und separabel. Die σ-Algebra seiner BOREL-Mengen bezeichnen wir mit $\mathfrak{z}$.

Sind uns der Zustand z des Bündels zur Zeit 0 und die Realisierung Ψ des Verkehrs bekannt, so ist der Zustand des Bündels zu einem beliebigen Zeitpunkt $t > 0$ volldeterminiert (wir bezeichnen ihn mit $f(z, \Psi, t)$). Wir beachten, daß in den Ankunftszeitpunkten von Anrufen der Zustand des Bündels sich sprunghaft verändern kann. Daher wollen wir unter dem Zustand des Bündels im Zeitpunkt t den Zustand des Bündels „unmittelbar vor" t verstehen. Bei der Bestimmung von $f(z, \Psi, t)$ wird also ein eventuell in t ankommender Anruf (t ist der Ort eines markierten Punktes aus Ψ) noch nicht berücksichtigt.

Der Zustand des Gesamtsystems „Verkehr–Bündel" wird durch ein Element $a = (\Psi, z)$ des meßbaren Raumes $[A, \mathfrak{A}] = [M_D \times Z, \mathfrak{M}_{\mathfrak{D}} \times \mathfrak{Z}]$ beschrieben. Bei dieser Wahl des Zustandsraumes ist die zeitliche Entwicklung des Gesamtsystems ebenfalls volldeterminiert. Sie wird durch die Halbgruppe von meßbaren Abbildungen S_t, $t \geqq 0$,

$$S_t((\Psi, z)) = (T_t \Psi, f(z, \Psi, t))$$

bestimmt.

Sei V ein Verteilungsgesetz auf $\mathfrak{A}$. Mit V^t bezeichnen wir das vermöge

$$V^t(\cdot) = V(S_t^{-1}(\cdot))$$

definierte Verteilungsgesetz. Deutet man V als Verteilungsgesetz des zufälligen Zustandes des Gesamtsystems zur Zeit 0 (Anfangsverteilung), so ist V^t die Verteilung zur Zeit t. Wie üblich nennen wir V *stationär*. wenn es bezüglich aller S_t invariant bleibt, d. h. wenn $V^t = V$ für $t \geqq 0$ gilt. Jedem V auf $\mathfrak{A}$ entspricht das Verteilungsgesetz Q_V des einlaufenden Verkehrs, $Q_V(\cdot) = \mathrm{V}((\cdot) \times Z)$. Ist V stationär, so ist Q_V ebenfalls stationär. Jedes stationäre V entspricht einem statistischen Gleichgewicht des Gesamtsystems. Es ist daher interessant zu wissen, ob zu einem stationären Q auf $\mathfrak{M}_{\mathfrak{D}}$ ein eindeutig bestimmtes stationäres V auf $\mathfrak{A}$ mit $Q_V = Q$ existiert.

Diese Frage wird unter den in der Bedienungstheorie üblichen Voraussetzungen durch den folgenden Satz 1 positiv beantwortet.

Satz 1: *Der einlaufende Verkehr sei stationär und besitze die Gestalt $Q = (P)_H$ (vgl. S. 11). Das stationäre Verteilungsgesetz P der Folge der Ankunftszeitpunkte der Anrufe möge die Eigenschaften $\lambda_P < \infty$ und $\mathsf{P}(\Phi : \Phi([0, h]) = 0) > 0$ besitzen, wobei $h = \inf \{x : H(x) > 0\}$ ist. Die Gesprächslängenverteilung H habe einen endlichen Erwartungswert $\alpha = \int_0^\infty (1 - H(x))\, dx$. Dann existiert genau ein stationäres Verteilungsgesetz V auf $\mathfrak{A}$ mit $Q_V = V$.*

Ist W ein beliebiges Verteilungsgesetz auf $\mathfrak{A}$ mit $Q_W = Q$ (z. B. $W = Q \times \delta_{(0,\dots,0)}$), *so gilt*

$$\lim_{t\to\infty} \mathrm{Var}\,(W^t, V) = 0\,.$$

Die zweite Behauptung des Satzes drückt aus, daß das Gesamtsystem im Laufe der Zeit zum statistischen Gleichgewicht tendiert (sich „einschwingt"), falls der einlaufende Verkehr sich bereits im statistischen Gleichgewicht befindet.

Beweis: Der Beweis des Satzes 1 zerfällt in mehrere Schritte.

a) Dem einlaufenden Verkehr mit dem stationären Verteilungsgesetz $Q = (P)_H$ stellen wir zunächst ein aus unendlich vielen Leitungen bestehendes Bündel (unendliches Bündel) zur Verfügung. Wir betrachten die Funktion

$$g(t, k) = \begin{cases} 1\,, & \text{falls } 0 < t < k \\ 0\,, & \text{sonst} \end{cases}$$

auf $R \times D$ und setzen $f(t, k) = g(-t, k)$. Für $\Psi \in M_D$ bezeichne $b'(0, \Psi)$ die Anzahl der zum Zeitpunkt 0 belegten Leitungen des unendlichen Bündels, wenn das Bündel seine Arbeit bereits in $-\infty$ aufgenommen hat und Ψ die Realisierung des einlaufenden Verkehrs ist. Offenbar gilt

$$b'(0, \Psi) = \sum_{[t,k] \in \Psi} g(-t, k) = I_f(\Psi)\,.$$

Es ist

$$\int_{R \times D} f(x)\, \nu_Q(\mathrm{d}x) = \lambda_P \int_0^\infty \int_t^\infty 1 \, \mathrm{d}H(k)\, \mathrm{d}t = \lambda_P\, \alpha < \infty .$$

Aus 1.2 folgt dann

2.1. *Die Größe* $b'(0, \Psi)$ *ist für fast alle* $\Psi \in M_D$ endlich und besitzt den Erwartungswert $\mathsf{E}_Q\, b'(0, \Psi) = \lambda_P\, \alpha < \infty$.

Sei $b'(t, \Psi)$ die Anzahl der belegten Leitungen des unendlichen Bündels zum Zeitpunkt t. Es gilt dann $b'(t, \Psi) = b'(0, T_t\, \Psi)$. Der zufällige Prozeß $b'(t) = b'(t, \Psi)$, $-\infty < t < \infty$ mit dem Zustandsraum $\{0, 1, \ldots\}$ ist stationär (Prozeß der Anzahl der belegten Leitungen des unendlichen Bündels).

Es gilt

2.2. $Q\big(\Psi : b'(0, \Phi) = 0\big) > 0$.

Beweis: Es genügt die Gleichung

$$\mathsf{P}\big(\Phi : K_{(\Phi)}\, \big(\Psi : b'(0, \Psi) = 0\big) > 0\big) > 0$$

zu beweisen. Sei $\Phi^- = \Phi \cap (-\infty, 0)$. Es ist

$$K_{(\Phi)}\, \big(\Psi : b'(0, \Psi) = 0\big) = \prod_{t \in \Phi^-} H(-t) .$$

Daraus folgt

$$\mathsf{P}\big(\Phi : K_{(\Phi)}\, \big(\Psi : b'(0, \Psi) = 0\big) > 0\big) = \mathsf{P}\big(\Phi : \prod_{t \in \Phi^-} H(-t) \text{ existiert}\big)$$

$$= \mathsf{P}\big(\Phi : \Phi([-h, 0]) = 0,\ \prod_{t \in \Phi^-} H(-t) \text{ existiert}\big)$$

Nach [7] S. 367 sind die Ereignisse

$$\{\Phi : \Phi([-h, 0]) = 0 ,\quad \prod_{t \in \Phi^-} H(-t) \text{ existiert}\} \text{ und}$$

$$\{\Phi : \Phi([-h, 0]) = 0 ,\quad \sum_{t \in \Phi^-} (1 - H(-t)) < \infty,\quad \sum_{t \in \Phi^-} (1 - H(-t))^2 < \infty\}$$

äquivalent. Da das Ereignis

$$\Big\{\Phi : \sum_{t \in \Phi^-} \big(1 - H(-t)\big) < \infty \quad \sum_{t \in \Phi^-} \big(1 - H(-t)\big)^2\Big\}$$

nach 1.2 die P-Wahrscheinlichkeit 1 hat, erhalten wir zusammenfassend.

$$\mathsf{P}\big(\Phi : K_{(\Phi)}\, \big(\Psi : b'(0, \Psi) = 0\big) > 0\big) = \mathsf{P}(\Phi : \Phi([-h, 0] = 0) > 0 .$$

Damit ist 2.2. bewiesen.

Jedem $\Psi \in M_D$ ordnen wir ein $\Psi_L \in M$ auf folgende Weise zu: $t \in \Psi_L$ genau dann, wenn $t \in \Psi$ und $b'(t, \Psi) = 0$ gilt (Ψ_L ist die Menge der Ankunftszeitpunkte von Anrufen, die das unendliche Bündel leer vorfinden). Die meßbare Abbildung $\Psi \to \Psi_L$ führt zu einem stationären Verteilungsgesetz Q_L auf $\mathfrak{M}$. Sei $M' = \{\Phi : \Phi(-\infty, 0) = \Phi(0, \infty) = \infty\big)$.

2.3. *Es gilt* $Q_L(M') = 1$ [1]) .

Es gibt also mit Wahrscheinlichkeit 1 sowohl in $(-\infty, 0)$ als auch in $(0, \infty)$ unendlich viele Ankunftszeitpunkte von Anrufen, die das unendliche Bündel leer vorfinden.

---

[1]) Wir setzen dabei stillschweigend voraus, daß $\mathsf{P}(M') = 1$ ist. Nach 1.1 bedeutet dies keine Einschränkung der Allgemeinheit.

Beweis. Nach 1.1. genügt es zu zeigen, daß

$$Q_L(\Phi((-\infty, 0]) = \infty) = 1$$

ist. Sei $\Lambda = \{\Psi : \Psi_L((-\infty, 0]) = \infty\}$.
Es ist

$$Q_L(\Phi((-\infty, 0]) = \infty) = Q(\Lambda) = \int_M K_{(\Phi)}(\Lambda)\, P(d\Phi) .$$

Es genügt demnach zu zeigen, daß

$$\mathsf{P}(\Phi : K_{(\Phi)}(\Lambda) = 1) = 1 \tag{2}$$

ist.

Ist Φ gegeben, so hängt das Ereignis Λ für jedes n nur von den unabhängigen Zufallsgrößen $k_{-n}, k_{-(n+1)}, \ldots$ ab. Nach dem 0,1-Gesetz gilt dann

$$K_{(\Phi)}(\Lambda) = 0 \qquad \text{oder} \qquad K_{(\Phi)}(\Lambda) = 1 . \tag{3}$$

Angenommen, es gelte $\mathsf{P}(\Phi : K_{(\Phi)}(\Lambda) = 1) < 1$. Wegen (3) ist das gleichbedeutend mit

$$\mathsf{P}(\Phi : K_{(\Phi)}(M_D \setminus \Lambda) = 1) > 0 .$$

Das Ereignis $\Lambda_1 = \{\Phi : K_{(\Phi)}(M_D \setminus \Lambda) = 1\}$ ist bezüglich der Verschiebungen T_t invariant. Daher wird vermöge

$$\mathsf{P}'(\cdot) = \mathsf{P}(\cdot \,|\Lambda_1)$$

ein stationäres Verteilungsgesetz auf $\mathfrak{M}$ definiert. Wir betrachten das stationäre Verteilungsgesetz $Q' = (P')_H$ auf $\mathfrak{M}_{\mathfrak{D}}$. Auf Grund der Definition von Q' gilt

$$Q'(\Psi : \Psi_L((-\infty, 0]) < \infty) = 1$$

d. h.

$$(Q')_L\, (\Phi : \Phi((-\infty, 0]) < \infty) = 1 .$$

Da $(Q')_L$ stationär ist, ist das nach 1.1. gleichbedeutend mit

$$(Q')_L(\emptyset) = 1 .$$

Andererseits gilt nach 2.2.

$$Q'(\Psi : b'(0, \Psi) = 0) > 0 .$$

Für jedes Ψ mit der Eigenschaft $b'(0, \Psi) = 0$ ist aber $\Psi_L \neq \emptyset$, denn $x_0(\Psi) \in \Psi_L$. (Wir erinnern daran, daß $x_0(\Psi) = \inf\{t : t \geqq 0, t \in \Psi\}$ ist.) Also ist $(Q')_L(\emptyset) < 1$. Wir haben einen Widerspruch erhalten. Also ist (2) richtig und die Behauptung 2.3. ist bewiesen.

b) Wir interpretieren das gegebene geordnete Bündel als die ersten m Leitungen des unendlichen Bündels. Wir nehmen an, daß das System seine Arbeit bereits in $-\infty$ aufgenommen hat. Wir haben bereits gezeigt, daß für fast alle $\Psi \in M_D$ die Beziehung $\Psi_L((-\infty, 0]) = \Psi_L([0, \infty)) = \infty$ gilt. In Zeitpunkten $t \in \Psi_L$ sind sämtliche m Leitungen des betrachteten endlichen Bündels frei.

Es seien

$$\cdots < y_{-1} < 0 \leqq y_0 < \cdots$$

die Punkte von Ψ_L. Für jedes Ψ setzen wir

$$h(\Psi) = f((0, \ldots, 0), T_{y_{-1}} \Psi, -y_{-1})$$

und $\bar{h}(\Psi) = (\Psi, h(\Psi))$. Inhaltlich ist $h(\Psi)$ bzw. $\bar{h}(\Psi)$ der Zustand des Bündels bzw. des Gesamtsystems zum Zeitpunkt 0 bei vorgegebener Realisierung Ψ des einlaufenden Verkehrs.

Nach 2.3. wird Q durch die meßbare Abbildung

$$\Psi \to h(\Psi)$$

in ein Verteilungsgesetz V auf $\mathfrak{A}$ übergeführt. Es gilt $Q_V = Q$. Offenbar ist für jedes $i \geqq 1$ die Gleichung

$$h(\Psi) = f((0, \ldots, 0), T_{y_{-i}} \Psi, -y_{-i})$$

erfüllt. Es folgt, daß

$$S_t(\bar{h}(\Psi)) = \bar{h}(T_t \Psi)$$

für alle $t \geqq 0$ gilt. Folglich ist V stationär. Damit haben wir die Existenz einer stationären Verteilung V auf $\mathfrak{A}$ mit $Q_V = Q$ nachgewiesen.

c) Es seien W_1 und W_2 Verteilungsgesetze auf $\mathfrak{A}$ mit $Q_{W_1} = Q_{W_2} = Q$. Dann gilt

2.4. $$\lim_{t\to\infty} \operatorname{Var}(W_1^t, W_2^t) = 0 .$$

Beweis: Für ein $z = (g, d) \in Z$ bezeichne $\bar{d}$ das Maximum der Koordinaten von d. Offenbar stimmen für alle $t > y_0((T_{\bar{d}} \Psi)_L)$ die Verteilungsgesetze $\delta^t_{(\Psi, z)}$ und $\delta^t_{(\Psi, 0)}$ überein. Für fast alle Ψ gilt also für alle d

$$\lim_{t\to\infty} \operatorname{Var}(\delta^t_{(\Psi, z)}, \delta^t_{(\Psi, 0)}) = 0 . \tag{4}$$

Sei

$$W_0^t(\cdot) = \int_{M_D \times Z} \delta^t_{(\Psi, 0)}(\cdot)\, Q(d\Psi) .$$

Offenbar gilt für $i = 1, 2$

$$W_0^t(\cdot) = \int_{M_D \times Z} \delta^t_{(\Psi, 0)}(\cdot)\, W_i(d\Psi, dz)$$

und

$$W_i^t(\cdot) = \int_A \delta_a^t(\cdot)\, W_i(da) .$$

Unter Beachtung der Ungleichung

$$\operatorname{Var}(W_i^t, W_0^t) \leqq \int_{M_D \times Z} \operatorname{Var}(\delta^t_{(\Psi, z)}, \delta^t_{(\Psi, 0)})\, W_i(d\Psi, dz)$$

folgt aus (4) mit Hilfe des Satzes von Lebesgue die Beziehung

$$\lim_{t\to\infty} \operatorname{Var}(W_i^t, W_0^t) = 0 .$$

Aus

$$\operatorname{Var}(W_1^t, W_2^t) \leqq \operatorname{Var}(W_1^t, W_0^t) + \operatorname{Var}(W_2^t, W_0^t)$$

folgt dann 2.4.

Mit Hilfe von 2.4. kann der restliche Teil des Satzes 1 mühelos bewiesen werden.

3. Nun können wir uns dem eigentlichen Gegenstand zuwenden — der stetigen Abhängigkeit der Systemcharakteristika vom einlaufenden Verkehr, d. h. von seinen Bestimmungsstücken P und H.

Für gegebene P und H bezeichne $V_{P,H}$ die durch Satz 1. bestimmte stationäre Verteilung auf $\mathfrak{A}$. Für ein $z = (g, d) \in Z$ sei $b(z)$ die Anzahl der positiven Komponenten von g. Die meßbare Abbildung

$$(\Psi, z) \to b(z)$$

führt $V_{P,H}$ in ein Verteilungsgesetz $p_{P,H}$ auf $N = \{0, 1, \ldots m\}$ über, das wir als *stationäre Verteilung der Anzahl der belegten Leitungen zu einem beliebigen Zeitpunkt bezeichnen.* Setzt man nämlich $b(t, \Psi) = b\big(h(T_t \Psi)\big)$, so erhält man einen stationären Prozeß mit dem Zustandsraum N, den Prozeß der Anzahl der belegten Leitungen. Es gilt dann für jedes t: $p_{P,H}(i) = \mathsf{P}\big(b(t, \Psi) = i\big)$.

Sei

$$k_i(t, \Psi) = \begin{cases} 1, & \text{falls } b(t, \Psi) = i \text{ ist} \\ 0, & \text{sonst}. \end{cases}$$

Ist der stationäre Prozeß $b(t, \Psi)$ ergodisch, so gilt für fast alle

$$\lim_{T\to\infty} \frac{1}{T} \int_0^T k_i(t, \Psi)\, dt = p_{P,H}(i) .$$

Aus diesem Grunde wird in der angewandten Literatur $p_{P,H}(m)$ oft als „*Gefahrzeit*" bezeichnet.

Wir beweisen jetzt den folgenden Stetigkeitssatz.

Satz 2: *Sei (P_n) eine Folge stationärer Verteilungsgesetze auf $\mathfrak{M}$ und (H_n) eine Folge von Verteilungsfunktionen auf $[0, \infty)$, deren Erwartungswerte α_n endlich sind. Es gelte*

$$P_n \underset{n\to\infty}{\Rightarrow} P \quad \textit{und} \quad \lambda_{P_n} \leqq C < +\infty$$

$$H_n \underset{n\to\infty}{\Rightarrow} H \quad \textit{und} \quad \alpha_n \underset{n\to\infty}{\to} \alpha = \int_0^\infty \big(1 - H(u)\big)\, du < +\infty ,$$

$$P_n\big(\Phi\colon \Phi([0, h_n]) = 0\big) > 0 , \quad h_n = \inf\{x\colon H_n(x) > 0\} ,$$

$$P\big(\Phi\colon \Phi([0, h]) = 0\big) > 0 , \quad h = \inf\{x\colon H(x) > 0\} .$$

Die Verteilungsfunktion H sei stetig auf $(0, \infty)$. Dann gilt

$$p_{P_n, H_n}(i) \underset{n\to\infty}{\to} p_{P,H}(i) , \quad i = 0, \ldots, m .$$

Beweis: a) Wir benötigen jetzt einige Hilfsmittel aus der Theorie der z. m. Pf. mit Vielfachheiten, vgl. [6]. In [6] wird unter Benutzung der euklidischen Metrik ϱ_{D^m} in D^m eine Metrik $\varrho_{M_D^*}$ in M_D^* konstruiert[1]). Der metrische Raum $[M_D^*, \varrho_{M_D^*}]$ ist vollständig und separabel. Die σ-Algebra der Borel-Mengen von M_D^* stimmt mit $\mathfrak{M}_{\mathfrak{D}}^*$ überein. Setzen wir

$$\varrho_{A^*}\big((\Psi_1, z_1), (\Psi_2, z_2)\big) = \varrho_{M_D^*}(\Psi_1, \Psi_2) + \varrho_Z(z_1, z_2)$$

---

[1]) Dabei ist M_D^* die Menge aller nichtnegativer ganzzahliger Maße Ψ auf $\mathfrak{R} \times \vartheta$ mit der Eigenschaft $\Psi(B \times D) < \infty$ für alle beschränkten $B \in \mathfrak{R}$; $\mathfrak{M}_{\vartheta}^*$, A^*, $\mathfrak{A}^*$ werden analog zu $\mathfrak{M}_{\vartheta}$, A, $\mathfrak{A}$ gebildet.

so erhalten wir eine Metrik in A^*. Der metrische Raum $[A^*, \varrho_{A^*}]$ ist ebenfalls vollständig und separabel. Die σ-Algebra seiner Borelmengen stimmt mit $\mathfrak{A}^*$ überein. Wir können also für Verteilungsgesetze auf $\mathfrak{M}_{\mathfrak{D}}^*$ bzw. auf $\mathfrak{A}^*$ die in [8] entwickelte Theorie der schwachen Konvergenz anwenden.

Die Verteilungsgesetze V_{P_n, H_n} und $V_{P,H}$ wollen wir kurz mit V_n und V bezeichnen. Wir zeigen, daß

$$V_n \underset{n\to\infty}{\Rightarrow} V . \tag{5}$$

b) Zum Beweis von (5) wollen wir zunächst die schwache Kompaktheit der Folge (V_n) nachweisen. Dazu genügt es zu zeigen, daß zu jedem $\varepsilon > 0$ ein Kompaktum $A_\varepsilon \subseteq A^*$ derart existiert, daß $V_n(A_\varepsilon) \geqq 1 - \varepsilon$ für alle n gilt.

Nach [6] folgt aus unseren Voraussetzungen die Beziehung

$$Q_n = (P_n)_{H_n} \underset{n\to\infty}{\Rightarrow} Q = (P)_H .$$

Daher existiert zu jedem $\varepsilon > 0$ ein Kompaktum $K_\varepsilon \subseteq M_D$ mit der Eigenschaft $Q(K_\varepsilon) \geqq 1 - \varepsilon$ für alle n.

Für $d \in D^m$ sei $\bar{d}$ das Maximum der Komponenten von d. Sei $b_r'(0, \Psi)$ die Anzahl der Leitungen des unendlichen Bündels, die zum Zeitpunkt 0 mit Gesprächen belegt sind, deren restliche Gesprächslänge nicht kleiner als r ist. Analog zu 2.1. beweist man die Gültigkeit der Gleichung

$$\mathsf{E}_Q(b_r'(0, \Psi)) = \lambda_P \int_r^\infty (1 - H(u))\, du .$$

Aus der Interpretation des gegebenen Bündels als die ersten m Leitungen des unendlichen Bündels ergibt sich die Abschätzung

$$\begin{aligned} V_n((\Psi, (g, d) : \bar{d} \geqq r) &\leqq Q_n(\Psi : b_r'(0, \Psi) > 0) \\ &\leqq \mathsf{E}_{Q_n}(b_r'(0, \Psi)) = \lambda_{P_n} \int_r^\infty (1 - H_n(u))\, du . \end{aligned} \tag{6}$$

Aus (6), $\lambda_{P_n} \leqq C$, $H_n \underset{n\to\infty}{\Rightarrow} H$ und $\alpha_n \underset{n\to\infty}{\to} \alpha$ folgt, daß zu jedem ε ein r_ε existiert, so daß

$$V_n\left((\Psi, (g, d) : \bar{d} \geqq r_\varepsilon\right) < \varepsilon$$

für alle n ist.

Das gesuchte Kompaktum A_ε hat die Gestalt

$$K_{\varepsilon/2} \times \{(g, d) : \bar{d} \leqq r_{\varepsilon/2}\} .$$

c) Wir betrachten eine konvergente Teilfolge (V_{n_m}), deren Grenzwert wir mit W bezeichnen. Wir zeigen, daß $W = V$ ist. Da $Q_W = Q$ ist, genügt es nach Satz 1 die Stationarität von W nachzuweisen. Wir beweisen, daß für jedes $t > 0$

$$(V_{n_m})^t \underset{m\to\infty}{\Rightarrow} W^t . \tag{7}$$

Da andererseits $(V_{n_m})^t = V_{n_m} \underset{m\to\infty}{\Rightarrow} W$, folgt aus (7) die Stationarität von W.

Zum Beweis von (7) genügt es nach Satz 1.8 aus [8] nachzuweisen, daß für jedes t die Funktion S_t W — fast überall stetig ist.

Unter Heranziehung der ϱ_{A^*}-Topologie in A^* sieht man, daß die Unstetigkeitsstellen von S_t in einer der Mengen

$$U_1 = \{\Psi : 0 \dot{\in} \Psi, t \dot{\in} \Psi\} \times D^m ,$$

$U_2 = B_2 \times Z = \{\Psi$: Es existieren a, x mit $0 \leqq a < x < t$,

$[a, x - a] \in \Psi, x \dot{\in} \Psi\} \times Z$,

$U_3 = \{(\Psi, (g, d))$: Es gibt eine Komponente d_i von d mit

$d_i \in (0, t)$ und $d_i \dot{\in} \Psi\}$

liegen.

Aus der Stationarität von Q folgt, daß $W(U_1) = Q(\Psi : 0 \dot{\in} \Psi,\ t \dot{\in} \Psi) = 0$ ist.

Für jedes $\Phi \in M$ bezeichnen wir mit $K^{(n)}_{(\Phi)}$ bzw. $K_{(\Phi)}$ die auf S. 10 definierten Verteilungsgesetze auf $\mathfrak{M}_{\mathfrak{D}}$, falls die Markenverteilung gleich H_n bzw. H ist. Es ist dann

$$Q_n(\cdot) = \int_M K^{(n)}_{(\Phi)}(\cdot)\, P_n(\mathrm{d}\Phi)\,,$$

$$Q(\cdot) = \int_M K_{(\Phi)}(\cdot)\, P(\mathrm{d}\Phi)\,.$$

Für jedes $\Phi \in M$ folgt auf Grund der vorausgesetzten Stetigkeit von H die Gleichung

$$K_{(\Phi)}(B_2) = 0\,.$$

Also ist

$$W(U_2) = Q(B_2) = 0\,.$$

Wir beweisen jetzt, daß $W(U_3) = 0$ ist. Für jedes $\varepsilon > 0$ gilt

$U_3 \subseteq C_\varepsilon = \{(\Psi, (g, d))$: Es existiert eine Komponente d_i von d

und ein $x \dot{\in} \Psi$, $x \in (0, t)$ so daß $d_i \in (x - \varepsilon, x + \varepsilon)\}$.

Die Mengen C_ε sind ϱ_{A^*} — offen. Nach Satz 1.2′ aus [8] gilt

$$W(C_\varepsilon) \leqq \lim_{m\to\infty} V_{n_m}(C_\varepsilon)\,. \tag{8}$$

Wir zeigen jetzt, daß die rechte Seite von (8) in Abhängigkeit von ε beliebig klein gemacht werden kann. Aus $W(U_3) \leqq W(C_\varepsilon)$ für jedes ε folgt daraus die Gültigkeit von $W(U_3) = 0$.

Für $\varepsilon > 0$, $T > 0$ bezeichnen wir mit $K_{\varepsilon, T}$ die Menge

$\{\Psi$: Es existieren $a \in (-T, 0]$, $x \in (0, t)$, $k_a \in (x - a - \varepsilon, x - a + \varepsilon)$,

so daß $[a, k_a] \in \Psi$ und $x \dot{\in} \Psi\}$.

Offenbar ist

$$V_n(C_\varepsilon) \leqq Q_n(K_{\varepsilon, \infty})\,. \tag{9}$$

Für $T > 0$ sei $L_T = \{\Psi$: Es existiert $[a, k_a] \in \Psi$, so daß $a \in (-\infty, -T]$ und $k_a > -a$ ist$\}$. Analog zu 2.1. zeigt man, daß

$$Q_n(L_T) \leqq \lambda_{P_n} \int_T^\infty \bigl(1 - H_n(u)\bigr)\, \mathrm{d}u$$

ist. Hieraus folgt, daß zu jedem $\eta > 0$ ein T_η derart existiert, daß für alle $T > T_\eta$

$$Q_n(L_T) \leqq \eta$$

für alle n gilt.

Sei $\eta > 0$. Aus $P_n \underset{n\to\infty}{\Rightarrow} P$ folgt dann für beliebige $t > 0$, $T > 0$ die Existenz eines solchen h_η, daß für alle $h > h_\eta$ und alle n die Ungleichungen

$$Q_n\left(\Psi([0, t]\times D) > h\right) \leqq \eta\,,$$
$$Q_n\left(\Psi([-T, 0]\times D) > h\right) \leqq \eta$$

erfüllt sind. Aus $\lambda_{P_n} \leqq C$ folgt ferner die Existenz eines solchen δ_η, daß für alle $\delta < \delta_\eta$

$$Q_n\left(\Psi((-\delta, \delta)\times D) > 0\right) \leqq 2\,\delta\,\lambda_{P_n} \leqq \eta$$

gilt. Sei

$$K_{\varepsilon,T,\delta,h} = K_{\varepsilon,T} \cap \{\Psi : \Psi\left((-T, 0]\times D \leqq h,\ \Psi\left((0, t)\times D\right) \leqq h\,,\right.$$
$$\left.\Psi\left((-\delta, \delta)\times D\right) = 0\right\}\,.$$

Dann kann man zu jedem $\eta > 0$ die Zahlen T, δ und h so wählen, daß für alle n die Ungleichung

$$Q_n(K_{\varepsilon,\infty}) \leqq 4\,\eta + Q_n(K_{\varepsilon,T,\delta,h}) \tag{10}$$

erfüllt ist. Für jedes $\Phi \in M$ gilt

$$K^{(n)}_{(\Phi)}(K_{\varepsilon,T,\delta,h}) \leqq h^2 \sup_{\delta\leqq x\leqq T+t} \left(H_n(x + 2\,\varepsilon) - H_n(x)\right)\,.$$

Daraus folgt die Gültigkeit von

$$Q_n(K_{\varepsilon,T,\delta,h}) \leqq h^2 \sup_{\delta\leqq x\leqq T+t} \left(H_n(x + 2\,\varepsilon) - H_n(x)\right)\,. \tag{11}$$

Unter Beachtung von (9), (10) und (11) sieht man leicht, daß die rechte Seite von (8) in Abhängigkeit von ε beliebig klein gemacht werden kann.

Damit haben wir gezeigt, daß die Funktion S_t für jedes t W — fast überall stetig ist. Daraus folgt, daß der Grenzwert einer jeden konvergenten Teilfolge von (V_n) gleich V ist. Hieraus ergibt sich die Beziehung (5).

Die Mengen $M_D\times Z_g$, $g \in G$, sind bezüglich der ϱ_{A^*}-Topologie in A^* randlos. Also sind die Mengen

$$\left\{(\Psi, (g, d)) : \sum_{j=1}^{m} g_j = i\right\} = \bigcup_{g\,:\,b(g)\,=\,i} M_D\times Z_g$$

Stetigkeitsmengen bezüglich V. Nach Satz 1.7 aus [8] folgt aus (5) die Behauptung des Satzes 2.

Bemerkung 1: Wir zeigen jetzt an einem Beispiel, daß die Voraussetzung der Stetigkeit von H im Satz 2 nicht überflüssig ist. Sei

$$H(x) = \begin{cases} 0, & \text{falls } x \leqq 1\,, \\ 1, & \text{sonst}\,, \end{cases} \qquad H_n(x) = \begin{cases} 0\,, & \text{falls } x \leqq \frac{1}{2}\,, \\ \alpha_n\,, & \text{falls } \frac{1}{2} < x \leqq 1\,, \\ 1\,, & \text{sonst}\,, \end{cases} \qquad \alpha_n \underset{n\to\infty}{\to} 0\,.$$

P_n sei das Verteilungsgesetz der stationären regulären z. Pf. mit der Intensität $\lambda_{P_n} = a_n^{-1}$ (die Abstände zwischen den Punkten der Punktfolge sind stets gleich a_n). Es gelte $a_n \underset{n\to\infty}{\to} 1$, $\frac{1}{2} < a_n < 1$. Dann gilt $P_n \underset{n\to\infty}{\Rightarrow} P$, wobei P das Verteilungsgesetz der stationären regulären z. Pf. mit $\lambda_P = 1$ ist.

Das Bündel bestehe nur aus einer einzigen Leitung. Für $Q_n - (P_n)_{H_n}$ geht jeder zweite Anruf verloren. Aus der Deutung der Gefahrzeit $p_{P,H}(m)$ auf S. 17

sieht man nun, daß

$$p_{P_n, H_n}(1) \underset{n\to\infty}{\to} \frac{1}{2}.$$

Dagegen ist $p_{P,H}(1) = 1$, da jeder Anruf die Leitung frei findet.

Bemerkung 2: Die Sätze 1 und 2 sind auch dann gültig, wenn in einem Zeitpunkt mehrere Anrufe eintreffen können, d. h. wenn P das Verteilungsgesetz einer stationären z. Pf. mit Vielfachheiten ist.

4. Sei $N = \{0, 1, \ldots, m\}$. Mit M_N^+ bezeichnen wir die Menge aller m. Pf. $\Psi \in M_N$, für die $\Psi\big((-\infty, 0)\times N\big) = 0$ ist; $\mathfrak{M}_{\mathfrak{N}}^+$ sei die entsprechende σ-Algebra. Die meßbare Abbildung

$$(\Psi, z) \infty \to \Psi_b = \{[x_i(\Psi), b(f(z, \Psi, x_i(\Psi))], i \geqq 0\}$$

führt $V_{P,H}$ in ein stationäres Verteilungsgesetz $Q^*_{P,H}$ auf $\mathfrak{M}_{\mathfrak{N}}^+$ über. Wir betrachten also unser System im Zustand des statistischen Gleichgewichts und ordnen jedem Ankunftszeitpunkt $x_i(\Psi)$, $i > 0$, die Anzahl der belegten Leitungen in diesem Zeitpunkt als neue Marke zu. Wir erhalten auf diese Weise eine stationäre z. m. Pf., deren Verteilungsgesetz gleich $Q^*_{P,H}$ ist.

Die Intensität λ_{Q^*} von $Q^*_{P,H}$ ist gleich λ_P. Auf Grund der auf S. 11 gegebenen wahrscheinlichkeitstheoretischen Interpretation des Intensitätsmaßes einer stationären z. m. Pf. liegt es nahe, das durch die Vorschrift

$$p^0_{P,H}(i) = \frac{\lambda_{Q^*}(\{i\})}{\lambda_P}$$

definierte Verteilungsgesetz $p^0_{P,H}$ auf N als *stationäre Verteilung der Anzahl der belegten Leitungen zum Zeitpunkt des Eintreffens eines beliebigen Anrufs* zu bezeichnen.

Ist $Q^*_{P,H}$ ergodisch, so gilt Q — fast überall

$$\lim_{T\to\infty} \frac{\Psi_b([0, T)\times\{m\})}{\Psi([0, T]\times D)} = p^0_{P,H}(m).$$

Man bezeichnet $p^0_{P,H}(m)$ als *Verlustwahrscheinlichkeit des endlichen Bündels* (im statistischen Gleichgewicht).

Wir ergänzen den Satz 2 durch folgende Aussage.

Satz 3: *Es seien die Voraussetzungen des Satzes 2 erfüllt. Außerdem mögen λ_{P_n} gegen λ_P konvergieren. Dann gilt*

$$p^0_{P_n, H_n}(i) \underset{n\to\infty}{\to} p^0_{P,H}(i), \quad i = 0, \ldots, m.$$

Beweis: Analog zu den Überlegungen beim Beweis des Satzes 2 zeigt man, daß die Abbildung $(\Psi, z) \to \Psi_b$ V — fast überall stetig ist. Nach Satz 1.8 aus [8] hat das die Beziehung $Q^*_{P_n, H_n} \underset{n\to\infty}{\Rightarrow} Q^*_{P,H}$ zur Folge. Die Behauptung des Satzes ergibt sich daraus mit Hilfe des Satzes 4.2 aus [1].

Für den Fall negativ-exponentieller Gesprächslängen-Verteilung beweisen wir jetzt eine Formel, die die Verteilungsgesetze $p_{P,H}$ und $p^0_{P,H}$ miteinander verbindet. Diese Formel wurde für $m = \infty$ und beliebige P in [9], für endliches

m und rekurrente P in [10] und für endliches m und semimarkowsche P in [11] bewiesen.

Satz 4: *Sei* $H(x) = 1 - e^{-\mu x}$. *Dann gilt*

$$p^0_{P,H}(i) = \frac{(i+1)}{\lambda_P} p_{P,H}(i+1), \qquad i \leqq m-1$$

$$p^0_{P,H}(m) = 1 - \sum_{i=0}^{m-1} p^0_{P,H}(i) .$$

Beweis: Wir betrachten den stationären Prozeß $b(t)$ der Anzahl der belegten Leitungen. Die Punkte, in denen die Anzahl der belegten Leitungen von i auf $i+1$ springt ($i \leqq m-1$), bilden eine stationäre z. Pf. mit der Intensität $\lambda_P\, p^0_{P,H}(i)$. Mit $M_i(t, \Psi)$ bezeichnen wir die Anzahl dieser Punkte im Intervall $(0, t)$. Die Punkte, in denen die Anzahl der belegten Leitungen von $i+1$ auf i springt, bilden ebenfalls eine stationäre z. Pf. Man stellt leicht fest, daß ihre Intensität gleich $(i+1)\,\mu\, p_{P,H}(i+1)$ ist. Sei $N_i(t, \Psi)$ die Anzahl dieser Punkte in $(0, t)$. Für jedes Ψ ist

$$|N_i(t, \Psi) - M_i(t, \Psi)| \leqq 2 . \tag{12}$$

Außerdem gilt

$$\lambda_P\, p^0_{P,H}(i) = \lim_{t\to\infty} \frac{1}{t} \mathsf{E}_Q\big(M_i(t, \Psi)\big) , \tag{13}$$

$$(i+1)\,\mu\, p_{P,H}(i+1) = \lim_{t\to\infty} \frac{1}{t} \mathsf{E}_Q\big(N_i(t, \Psi)\big) . \tag{14}$$

Aus (12), (13) und (14) folgt die Behauptung des Satzes.

Sei Π_λ die Menge aller stationären Verteilungsgesetze P auf $\mathfrak{M}$ mit $\lambda_P = \lambda$. Mit R bezeichnen wir das Verteilungsgesetz der stationären regulären z. Pf. mit der Intensität λ. Wir beweisen jetzt den folgenden

Satz 5: *Für* $m = 1$ *und* $H(x) = 1 - e^{-\mu x}$ *gilt für jedes* $P \in \Pi_\lambda$ *die Ungleichung*

$$p^0_{R,H}(m) \leqq p^0_{P,H}(m) .$$

Dieser Satz wurde in [12] für beliebige m und rekurrente P bewiesen. In [9] wurde für $m = \infty$ eine zu Satz 5 analoge Behauptung bewiesen. Es ist zu vermuten, daß der Satz 5 für alle endlichen m gültig ist.

Beweis. Sei P semimarkowsch. In Bezeichnungen der Arbeit [11] gilt dann für $m = 1$

$$p^0_{P,H}(1) = B_1 = \sum_\alpha \big(q\, S_1 (I + S_1)^{-1}\big)_\alpha .$$

Beachtet man, daß

$$S_1 (I + S_1)^{-1} = \sum_{i=1}^{\infty} \sigma_1^i (I - \sigma_1) = \sigma_1$$

ist, so erhält man die Gleichung

$$p^0_{P,H}(1) = \sum_{\alpha,\beta} q_\alpha\, r_{\alpha\beta}\, \varphi_{\alpha\beta}(\mu) .$$

Wendet man auf die Funktion $e^{-\mu x}$ zweimal die JENSENsche Ungleichung an, so ergibt sich

$$p^0_{P,H}(1) \geq \sum_{\alpha,\beta} q_\alpha r_{\alpha\beta} e^{-\mu\Delta_{\alpha\beta}} \geq e^{-\mu\Delta} = e^{-\mu\lambda^{-1}} = p^0_{R,H}(1) .$$

In [3] wird gezeigt, daß zu jedem stationären P eine Folge stationärer semimarkowscher P_n derart existiert, daß

$$P_n \underset{n\to\infty}{\Rightarrow} P \quad \text{und} \quad \lambda_{P_n} = \lambda_P$$

gilt. Mit Hilfe des Satzes 3 folgt somit aus der Gültigkeit der Formel (15) für semimarkowsche P ihre Gültigkeit für alle P.

Literatur

[1] Керстан, И., Маттес, К.: Обобщение теоремы Пальма-Хинчина УМЖ **17**, 4, 29–36 (1965).

[2] FRANKEN, P., LIEMANT, A., MATTHES, K.: Stationäre zufällige Punktfolgen III. Jahresbericht der DMV **67**, 183–202 (1965).

[3] HERRMANN, U.: Ein Approximationssatz für Verteilungen stationärer zufälliger Punktfolgen. Math. Nachr. **30**, 377–381 (1965).

[4] FRANKEN, P.: Asymptotische Untersuchung des Überlaufverkehrs, Wiss. Z. Univ. Jena **14**, Heft 5, 235–245 (1965).

[5] KÖNIG, D., MATTHES, K., NAWROTZKI, K.: Verallgemeinerungen der Erlangschen und Engsetschen Formeln. Akademie-Verlag, Berlin 1967.

[6] FRANKEN, P., KERSTAN, J., MATTHES, K., MECKE, J.: Zufällige Punktfolgen, erscheint im Akademie-Verlag, Berlin.

[7] FICHTENHOLZ: Differential- und Integralrechnung II, VEB Deutsch. Verlag d. Wiss., Berlin 1964.

[8] Прохоров, Ю. В., Сходимость случайных процессов и предельные теоремы теории вероятностей. Теор. Вероятн. Прим. **1**, 177–238, (1956).

[9] FRANKEN, P., KERSTAN, J.: Bedienungssysteme mit unendlich vielen Bedienungsapparaten. Operationsforschung und Mathematische Statistik I, Akademie-Verlag, Berlin 1968, S. 67–76.

[10] TAKÁCS, L.: On the Generalisation of Erlang's Formula. Acta Math. Acad. Sci. Hung. **7**, 419–433 (1956).

[11] FRANKEN, P.: Erlangsche Formeln für semimarkowschen Eingang, EIK **4**, 197–204 (1968).

[12] BENEŠ, V. E.: On trunks with negative exponential holding times serving a renewal process. Bell. Syst. techn. J. **38**, 211–258 (1959).

Verschärfung eines Satzes von B. A. Rogozin über extremale Eigenschaften der Wartemodelle D/G/1 und GI/D/1

Von Hans-Joachim Rossberg[1])

Es wird das Wartemodell GI/G/1 im stationären Fall betrachtet. Die mathematische Erwartung m_w der Wartezeitverteilung $W(x)$ wird als Funktional der Pausenverteilung $A(x)$ (mit der konstanten Erwartung m_A) aufgefaßt, während die Bedienungszeitverteilung $B(x)$ festgehalten wird. Unter geringfügigen Voraussetzungen über $B(x)$ nimmt m_w ein echtes Minimum für $A(x) = 0\,(x \leqq m_A)$, $= 1\,(x > m_A)$ an.

Wir betrachten ein einzelnes Bedienungsgerät. Die Bedienungsforderungen mögen nacheinander zu den Zeitpunkten $t_0 = 0 < t_1 < t_2 < \ldots$ eintreffen; findet eine Forderung das Gerät besetzt vor, so reiht sie sich in eine Warteschlange ein und wartet, bis alle vor ihr eingetroffenen Forderungen abgefertigt sind. Der eingehende Forderungsstrom sei rekurrent, d. h. die Pausen $\alpha_1 = t_1$, $\alpha_2 = t_2 - t_1, \ldots$ zwischen den Ankunftszeitpunkten seien insgesamt unabhängig und identisch verteilt,

$$\mathsf{P}\,\{\alpha_\nu < x\} = A(x) \qquad (\nu = 1, 2, \ldots)\,.$$

Auch die Bedienungszeiten $\beta_0, \beta_1, \ldots$ mögen insgesamt unabhängig und identisch verteilt sein,

$$\mathsf{P}\,\{\beta_\nu < x\} = B(x) \qquad (\nu = 0, 1, \ldots)\,.$$

Das Modell, das wir soeben beschrieben haben, wird in der Bezeichnungsweise von Kendall kurz GI/G/1 genannt (G = general, I = independent).

Die Zeit, die eine Forderung in der Schlange verbringt, bis ihre Bedienung beginnt, heißt Wartezeit. Ihre Verteilung möge bei der n-ten Forderung $W_n(x)$ sein; sie hängt tatsächlich zunächst von der Nummer der Forderung ab. Es gibt aber einen wichtigen Fall, in dem diese Abhängigkeit bei $n \to \infty$ verschwindet und der Warteprozeß somit stationär wird. Es mögen die mathematischen Erwartungen von $A(x)$ und $B(x)$ mit m_A bzw. m_B bezeichnet sein. Wenn

$$0 < m_B < m_A < \infty\,,$$

so gibt es eine eigentliche Verteilungsfunktion $W(x)$, so daß die schwache Konvergenz

$$\lim_{n \to \infty} W_n(x) = W(x)$$

besteht. Diese Tatsachen hat D. V. Lindley [1] erkannt.

---

[1]) Inst. Angew. Math. Mech. der DAW, 108 Berlin, Mohrenstraße 39.

Aus der Erfahrung, die jeder beim Arzt und Friseur machen kann, ist allgemein bekannt, daß sich die Wartezeiten im Durchschnitt verkürzen, wenn die Kunden nicht völlig regellos, sondern nach einem Bestellsystem erscheinen. Aber selbst für das einfachste Bestellsystem, in dem alle Pausen $\alpha_1 = \alpha_2 = \ldots$ die gleiche Länge haben, ist erst im Jahre 1966 ein allgemeiner Satz bewiesen worden. Die Aufgabe, die B. A. Rogozin [3] behandelt hat, kann man folgendermaßen formulieren. Zunächst gilt das ebenfalls in [3] bewiesene

Lemma: *Die mathematische Erwartung m_W von $W(x)$ existiert genau dann, wenn das zweite Moment $E\,\beta_0^2 < \infty$ ist.*

Wir betrachten nun eine beliebige, aber bestimmte Bedienungszeitverteilung $B(x)$, die das Verhalten des Bedienungsgerätes beschreibt. Es sei $E\,\beta_0^2 < \infty$. Dann fassen wir m_W als Funktion von $A(x)$ auf. Gesucht ist ein solches $A(x)$, für das m_W ein Minimum annimmt. Dabei soll aber dem Gerät auf lange Sicht nichts geschenkt werden. Daher lassen wir nur solche $A(x)$ zur Konkurrenz zu, die dieselbe mathematische Erwartung m_A besitzen. Die Behauptung von Rogozin lautet dann, daß die ausgeartete Verteilung $A(x) = \varepsilon_{m_A}(x)$ mit dem Sprung an der Stelle m_A eine Lösung der Aufgabe darstellt.

Natürlich kann man auch die duale Aufgabe betrachten, bei der man $A(x)$ festhält und m_W als Funktion von $B(x)$ ansieht. Wir formulieren nun das Hauptergebnis aus [3], das den Ausgangspunkt unserer Betrachtung darstellt, exakt.

Satz von Rogozin: a) *$B(x)$ sei fest gewählt und es möge $E\,\beta_0^2$ existieren. $\mathfrak{A}$ sei die Menge aller $A(x)$ mit vorgegebenem $m_A > m_B$. Dann wird*

$$\inf_{A \in \mathfrak{A}} m_W \tag{1}$$

bei $A(x) = \hat{A}(x) = \varepsilon_{m_A}(x)$ angenommen.

b) *Umgekehrt sei $A(x)$ fest gewählt und $\mathfrak{B}$ die Menge aller $B(x)$ mit vorgegebenem $m_B < m_A < \infty$.*

Dann wird

$$\inf_{B \in \mathfrak{B}} m_W \tag{2}$$

für $B(x) = \hat{B}(x) = \varepsilon_{m_B}(x)$ angenommen.

Hier erscheinen die Lösungen $\varepsilon_{m_A}(x)$ bzw. $\varepsilon_{m_B}(x)$ der Aufgabe nur als je eine unter vielen. Unser Ziel ist es, Bedingungen anzugeben, unter denen sie als die einzig möglichen auftreten, m. a. W. unter denen die infima (1) und (2) nur für sie erreicht werden. Als Hilfsmittel aus der Theorie des Wartemodells GI/G/1 benutzen wir die folgenden Formeln, die wir aus [2], Kap. 4, entnehmen. Im stationären Fall gilt für die Wahrscheinlichkeit $W(+0)$, daß ein Kunde sofort bedient wird, die Formel

$$W(+0) = \exp\left\{-\sum_{1}^{\infty} \frac{1}{\nu}\, \mathsf{P}\,\{X_1 + \cdots + X_\nu > 0\}\right\}, \tag{3}$$

wo $X_\nu = \beta_{\nu-1} - \alpha_\nu$ $(\nu = 1, 2, \ldots)$. Die uns interessierende mathematische Erwartung aber hat die Darstellung

$$m_W = \sum_{\nu=1}^{\infty} \frac{1}{\nu} \int_0^{\infty} x \, \mathrm{d}K^{\nu *}(x)\,, \tag{4}$$

wo

$$K^{\nu *}(x) = \mathsf{P}\,\{X_1 + \cdots + X_\nu < x\}\ :$$

Im instationären Fall hat man übrigens für die mathematische Erwartung m_{W_n} von $W_n(x)$

$$m_{W_n} = \sum_{\nu=1}^{n} \frac{1}{\nu} \int_0^\infty x\, \mathrm{d}K^{\nu *}(x) \qquad (n = 1, 2, \ldots)\,. \tag{5}$$

Aus (3) entnimmt man sofort eine wichtige

Folgerung. *$W(+0) = 1$ gilt genau dann, wenn*

$$\mathsf{P}\,\{X_1 \leqq 0\} = \mathsf{P}\,\{\beta_0 \leqq \alpha_1\} = 1\,. \tag{6}$$

Im Fall (6) erscheint also mit Wahrscheinlichkeit 1 jeder Kunde erst, wenn alle vorher gekommenen abgefertigt sind, so daß sich keine Warteschlange bilden kann. Wir werden zeigen, daß wir nur diesen Fall, der weder praktisch noch theoretisch von Interesse ist, auszuschließen brauchen, um den Satz von Rogozin zu verschärfen.

Als analytisches Hilfsmittel benutzen wir den folgenden Satz, der eine spezielle Jensensche Ungleichung angibt.

Satz 1: *ξ sei eine reelle nicht ausgeartete Zufallsgröße auf dem Wahrscheinlichkeitsfeld $(\Omega, \mathfrak{R}, \mathsf{P})$ mit $\mathsf{E}|\xi| < \infty$ und dem Wertevorrat $\mathfrak{M}$. Die reelle Funktion $u(x)$ sei in $\mathfrak{M}$ und im Punkt*

$$m_\xi = \mathsf{E}\,\xi$$

definiert, $u(\xi)$ sei eine Zufallsgröße. Weiter möge eine Zahl λ existieren, so daß

$$u(x) \geqq u(m_\xi) + \lambda\,(x - m_\xi) \qquad (\text{für alle } x \in \mathfrak{M})\,. \tag{7}$$

Wenn für die Zufallsgröße

$$f(\xi) = u(\xi) - u(m_\xi) - \lambda\,(\xi - m_\xi)$$

die Ungleichung

$$\mathsf{P}\,\{f(\xi) > 0\} > 0\,, \tag{8}$$

gilt, so ist

$$\mathsf{E}\,u(\xi) > u(\mathsf{E}\,\xi)\,,$$

falls die linke Seite existiert.

Beweis: Nach Voraussetzung ist $\mathsf{P}\,\{f(\xi) \geqq 0\} = 1$ und daher $\mathsf{E}f(\xi) \geqq 0$. $\mathsf{E}f(\xi) = 0$ ist aber unter diesen Umständen gleichbedeutend mit $\mathsf{P}\,\{f(\xi) = 0\} = 1$, und dies steht im Widerspruch zu (8).

Folgerung. *Die charakteristische Funktion*

$$\varphi(z) = \mathsf{E}\,\mathrm{e}^{iz\xi}\ (z = t + i\,y)$$

sei im Streifen $\gamma = \{z : -m_1 < y < m_2\}$ analytisch. Dann gilt, falls ξ nicht ausgeartet ist und $m_\xi = \mathsf{E}\,\xi$ existiert,

$$\varphi(i\,y) > \mathrm{e}^{-y m_\xi}\ (-m_1 < y < m_2,\ y \neq 0)\,. \tag{9}$$

Beweis: Die feste Zahl $y \neq 0$ gehöre zur angegebenen Menge. Wir setzen

$$u(x) = \mathrm{e}^{-yx} \qquad (-\infty < x < \infty).$$

Dann sind (7) und (8) erfüllt, falls man $\lambda = u'(m_\xi)$ setzt. Wegen $\varphi(i\,y) = \mathsf{E}\,u(\xi)$ gilt daher die Behauptung.

Diese Folgerung haben wir in [4] auf einfachere Weise gewonnen und dazu benutzt, um den regelmäßigen Eingang der Forderungen auf andere Weise als optimal zu erweisen, indem wir nämlich nicht nur m_W, sondern auch andere Kennziffern betrachteten. Dabei haben wir weit einfachere Hilfsmittel als (3)—(5) benutzt, mußten allerdings über $B(x)$ eine spezielle Voraussetzung treffen, nämlich

$$B(x) = \sum_{\varrho=1}^{n} B_\varrho \,(1 - \mathrm{e}^{-b_\varrho x}) \quad (x \geqq 0)$$

$$B_\varrho > 0\,, \qquad \sum_{\varrho=1}^{n} B_\varrho = 1\,.$$

Dann ergab sich aber u. a., daß auch $W(+0)$ und die Varianz σ_W^2 von $W(x)$ echte Minima annehmen, wenn $A(x) \equiv \varepsilon_{m_A}(x)$.

Satz 1 ist hier ein wichtiges Hilfsmittel zum Beweis für den folgenden

Satz 2: *Im Teil* a) *des Satzes von* Rogozin *wird das infimum* (1) *dann und nur dann allein für* $A(x) \equiv \varepsilon_{m_A}(x)$ *angenommen, wenn*

$$B\,(m_A - \varepsilon) < 1 \qquad (\textit{für alle } \varepsilon > 0)\,. \tag{10a}$$

Im Teil b) *wird das infimum* (2) *genau dann allein für* $B(x) \equiv \varepsilon_{m_B}(x)$ *angenommen, wenn*

$$A\,(m_B + \varepsilon) > 0 \qquad (\textit{für alle } \varepsilon > 0)\,. \tag{10b}$$

Bemerkung: Die Bedingung (10a) hat, falls $\eta > 0$ genügend klein ist,

$$\mathsf{P}\,\{\beta_0 > \alpha_1\} = \int_0^\infty (1 - B\,(u+0))\,\mathrm{d}A(u) \geqq (1 - B\,(m_A - \eta + 0))\,A\,(m_A - \eta) > 0$$

für alle nicht entarteten $A \in \mathfrak{A}$ zur Folge; für sie gilt daher (6) nicht. Analog widerspricht (6) der Bedingung (10b).

Beweis: Wir beweisen nur die erste Behauptung, da sich die zweite auf ganz ähnliche Weise ergibt. Die Folgerung aus (3) läßt zunächst sofort erkennen, daß (10a) notwendig für die Eindeutigkeit der Lösung $\varepsilon_{m_A}(x)$ ist; ist nämlich $B\,(m_A - \varepsilon_0) = 1$ für ein $\varepsilon_0 > 0$, so gibt es eine große Schar von Verteilungen $A(x)$ mit der Eigenschaft (6), so daß $W(+0) = 1$ und damit $m_W = 0$ ist.

Wir beweisen nun, daß (10a) hinreichend ist. Dazu führen wir die Bezeichnung

$$\hat{K}^{\nu *}(x) = \mathsf{P}\,\{\beta_0 + \cdots + \beta_{\nu-1} - \nu\, m_A < x\}$$

ein. Ist $A(x)$ in (4) nicht ausgeartet, so haben wir nur

$$m_W > \sum_{\nu=1}^{\infty} \frac{1}{\nu} \int_0^\infty x\,\mathrm{d}\hat{K}^{\nu *}(x)$$

zu zeigen. Dabei können wir weitgehend die Methode von ROGOZIN benutzen. Er bewies nämlich

$$\int_0^\infty x \,\mathrm{d}K^{\nu *}(x) \geqq \int_0^\infty x \,\mathrm{d}\hat{K}^{\nu *}(x) \qquad (\nu = 1, 2, \ldots) .$$

Es genügt folglich, wenn wir für ein einziges ν die Beziehung $>$ statt $\geqq$ als gültig erkennen.

Wir setzen also zunächst $\nu = 1$ und $K^{1*}(x) = K(x)$. Da die mathematische Erwartung von $K(x)$ nach Voraussetzung vorhanden sein soll, existiert

$$\int_0^\infty x \,\mathrm{d}K(x) = \int_0^\infty (1 - K(x))\,\mathrm{d}x = \int_0^\infty \mathrm{d}x \int_0^\infty [1 - B\,(w + x)]\,\mathrm{d}A(w) \;;$$

daher darf man die Integrationen vertauschen und erhält

$$= \int_0^\infty \mathrm{d}A(w)\, u(w) = \mathsf{E}\, u(\alpha_1)$$

wo

$$u(w) = \int_w^\infty (1 - B(v))\,\mathrm{d}v$$

gesetzt ist. Offensichtlich gilt

$$u(x) = u(m_A) + \int_x^{m_A} (1 - B(v))\,\mathrm{d}v\,, \tag{11}$$

und mit der Abkürzung

$$\lambda = B(m_A) - 1$$

besteht die Ungleichung (7), wo $\mathfrak{M} = \langle 0, \infty)$ gesetzt werden kann, denn der Wertevorrat von α_1 ist sicher in dieser Menge enthalten.

Um Satz 1 anwenden zu können, brauchen wir nur noch für $f(\alpha_1)$ die Beziehung (8) als richtig zu erweisen. Dazu unterscheiden wir verschiedene Fälle und beachten, daß $A(x)$ nicht ausgeartet sein soll.

1. $B\,(m_A - \varepsilon) < B(m_A) \qquad$ (für alle $\varepsilon > 0$) .

Dann gilt über (7) hinaus in $(0 \leqq x < m_A)$ auch

$$u(x) > u(m_A) + \lambda\,(x - m_A)\,. \tag{12}$$

Wegen

$$\mathsf{P}\,\{f(\alpha_1) > 0\} = \int_0^\infty \mathsf{P}\,\{f(\alpha_1) > 0 | \alpha_1 = u\}\,\mathrm{d}A(u) \geqq \mathsf{P}\,\{0 \leqq \alpha_1 < m_A\} > 0$$

ist also (8) erfüllt.

2. $B\,(m_A + \varepsilon) > B(m_A) \qquad$ (für alle $\varepsilon > 0$) .

Hier ist (12) in $(m_A < x)$ richtig, und folglich gilt wegen $\mathsf{P}\,\{m_A < \alpha_1\} > 0$ auch (8).

3. m_A liege im Innern eines Konstanzintervalls $I = \langle \underline{m}, \overline{m} \rangle$ von $B(x)$, für das also $B(\overline{m}) = B\,(\underline{m} + 0)$ gilt.

Wegen (10a) haben wir hier $\lambda < 0$. Es sei ferner

$$\mathsf{P}\,\{\alpha_1 \in I\} < 1\,. \tag{13}$$

a) Wenn $\underline{m} = 0$, ist wegen (13) $A(\overline{m} + 0) < 1$. Aus (11) folgt jetzt — wegen $B(\overline{m} + \varepsilon) > B(\overline{m})$ — (12) für $x > \overline{m}$, und wegen $\mathsf{P}\{\alpha_1 > \overline{m}\} > 0$ haben wir (8).

b) Wenn $\underline{m} > 0$, so benutzen wir zunächst $B(\underline{m}) > B(\underline{m} - \varepsilon)$, um von (11) auf (12) — im Intervall $0 \leqq x < \underline{m}$ — zu schließen. Falls $A(\underline{m}) > 0$, haben wir also (8). Ist aber $A(\underline{m}) = 0$, so liefert (13) wiederum die Ungleichung $1 - A(m + 0) > 0$. Wegen $\lambda < 0$ und $B(\overline{m} + \varepsilon) > B(\overline{m})$ besteht jetzt (12) in $x > \overline{m}$, und demnach haben wir wieder (8).

Hiernach bleibt nur noch der Fall offen, in dem die Voraussetzung 3) erfüllt ist, jedoch

$$\mathsf{P}\{\alpha_1 \in I\} = 1$$

ist. Dann genügt es nicht, den Fall $\nu = 1$ zu betrachten. Da $A(x)$ nicht ausgeartet ist, gibt es eine Verteilung $A^{\nu *}(x) = \mathsf{P}\{\alpha_1 + \cdots + \alpha_\nu < x\}$, so daß der Wertevorrat von $\alpha + \cdots + \alpha_\nu$ nicht ganz in einem Konstanzintervall von $B^{\nu *}(x)$ liegt. Dann führt man die unter 1)—3) angestellten Überlegungen für den ν-ten Summanden in (4) durch.

Damit ist der Beweis des Satzes 2 beendet, denn der zweite Teil des Satzes läßt sich auf ganz ähnliche Weise als richtig erkennen. Offensichtlich haben wir wegen (5) auch das folgende Ergebnis bewiesen.

Korollar: *Wenn die Zufallsgröße α_1 nicht mit Wahrscheinlichkeit* 1 *in einem Konstanzintervall von $B(x)$ liegt, so gilt Satz* 2 (*Teil a*) *auch für alle* m_{W_n} $(n = 1, 2, \ldots)$.

Literatur

[1] Lindley, D. V.: The theory of queues with a single server. Proc. Cambridge Phil. Soc. **48**, 277—289 (1952).

[2] Prabhu, N. U.: Queues and inventories. J. Wiley and Sons, 1965.

[3] Rogozin, B. A.: Einige Extremalprobleme in der Bedienungstheorie (Russisch). Teor. Verojatn. Primen. **11**, 161—169 (1966).

[4] Rossberg, H.-J.: Optimale Eigenschaften einiger Wartesysteme bei regelmäßigem Eingang bzw. konstanten Bedienungszeiten. Z. angew, Math. Mech., **48**, 395—403 (1968).

Eine verallgemeinerte Behandlung der Integralgleichung von G. F. Yeo nach einer Methode von H.-J. Rossberg

Von Hans-Joachim Haeske[1])

Verf. betrachtet das Wartemodell GI/G/1 mit einer Besonderheit: Die Bedienungszeitverteilung ist verschieden je nachdem, ob der betreffende Kunde bei seinem Erscheinen eine leere oder nichtleere Schlange vorfindet. Behandelt werden im wesentlichen die Fälle

a) Die beiden Bedienungszeitverteilungen,

b) Die Pausenverteilungen haben rationale charakteristische Funktionen.

1. Einleitung

Wir betrachten eine Verallgemeinerung des Warteschlangenmodells GI/G/1. Es soll unterschieden werden, ob ein Kunde eine leere oder eine nichtleere Warteschlange vorfindet. Dies ist z. B. erforderlich, wenn die Bedienung durch eine Maschine erfolgt, die im Falle der Untätigkeit stillgelegt wird. Beim Eintreffen einer neuen Forderung muß sie dann erst wieder in Gang gesetzt werden, wozu eine zufällige Zeit benötigt wird. Das zu betrachtende Modell geht auf G. F. Yeo [6] zurück und läßt sich folgendermaßen beschreiben.

Nach der Eröffnung eines Schalters kommen zu den Zeitpunkten $t_1 \leq t_2 \leq \cdots$ die Kunden $K_1, K_2, \ldots$, die in der Reihenfolge ihres Erscheinens numeriert und bedient werden. Die Pausen $p_n = t_n - t_{n-1}$ $(t_0 = 0,\ n \geqq 1)$ zwischen den Ankunftszeiten aufeinanderfolgender Kunden mögen eine Folge unabhängiger, identisch verteilter Zufallsgrößen mit der Pausenverteilung

$$\mathsf{P}\,\{p_n < x\} = A(x) \qquad (n = 1, 2, \ldots)$$

und dem Erwartungswert

$$m_A = \int_0^\infty x \,\mathrm{d}A(x) < \infty$$

bilden. Wenn der Kunde K_n $(n = 1, 2, \ldots)$ eine nichtleere Warteschlange vorfindet, so sei seine Bedienungszeit s_n; findet er dagegen eine leere Warteschlange vor, so sei seine Bedienungszeit r_n. Diese s_n und r_n mögen ebenfalls Folgen unabhängiger, identisch verteilter Zufallsgrößen bilden, deren Ver-

---

[1]) Inst. Angew. Math. Mech. der DAW, 108 Berlin, Mohrenstraße 39.

teilungen

$$\mathsf{P}\{s_n < x\} = B(x)$$

bzw.

$$\mathsf{P}\{r_n < x\} = D(x) \qquad (n = 1, 2, \ldots)$$

sind. Es mögen auch die Erwartungswerte

$$m_B = \int_0^\infty x \, \mathrm{d}B(x)$$

und

$$m_D = \int_0^\infty x \, \mathrm{d}D(x)$$

existieren.

Ist der Schalter beim Erscheinen eines Kunden besetzt, so reiht sich dieser Kunde in eine Warteschlange ein. Sei w_n die Wartezeit, die der Kunde K_n in der Schlange verbringt, ehe seine Bedienung beginnt. Die Verteilungen dieser Zufallsgrößen nennen wir

$$\mathsf{P}\{w_n < x\} = W_n(x) \qquad (n = 1, 2, \ldots) .$$

Zwischen den soeben eingeführten Zufallsgrößen besteht die Beziehung

$$w_{n+1} = \begin{cases} w_n + u_n , & \text{falls} \quad w_n + u_n > 0 , \quad w_n > 0 , \\ c_n , & \text{falls} \quad c_n > 0 , \quad w_n = 0 , \\ 0 & \text{sonst} , \end{cases} \tag{1.1}$$

wobei $u_n = s_n - p_{n+1}$ und $c_n = r_n - p_{n+1}$ gesetzt wurde. Wenn nun die Folgen $\{s_n\}$ und $\{p_n\}$ bzw. $\{r_n\}$ und $\{p_n\}$ unabhängig voneinander sind, so bilden die u_n und c_n Folgen unabhängiger, identisch verteilter Zufallsgrößen mit den Verteilungsfunktionen

$$U(x) = \int_0^\infty B(x + y) \, \mathrm{d}A(y)$$

bzw.

$$C(x) = \int_0^\infty D(x + y) \, \mathrm{d}A(y) \tag{1.2}$$

und den Erwartungswerten $m_U = m_B - m_A$ und $m_C = m_D - m_A$. Da nach (1.1) w_n nicht von u_n und c_n abhängt, erhält man die Rekursionsformel

$$W_{n+1}(x) = \int_{-\infty}^x W_n(x - y) \, \mathrm{d}U(y) - W_n(+0) \, [U(x) - C(x)] \; (x > 0) . \tag{1.3}$$

Nach G. F. Yeo [6] ist die Bedingung

$$m_U = m_B - m_A < 0 \tag{1.4}$$

notwendig und hinreichend für die Existenz einer Grenzverteilung $W(x)$ der Folge $W_n(x)$, d. h. für die Existenz einer stationären Wartezeitverteilung $W(x) = \lim W_n(x)$, und diese ist die einzige Verteilungsfunktion, die der aus (1.3) folgenden Integralgleichung

$$W(x) = \int_{-\infty}^x W(x - y) \, \mathrm{d}U(y) - W(+0) \, [U(x) - C(x)] \qquad (x > 0) \tag{1.5}$$

genügt. Selbstverständlich ist $W(x) = 0$ für $x \leqq 0$.

Diese Integralgleichung hat G. F. YEO in dem Spezialfall behandelt, in dem $A(x)$ eine ERLANG-Verteilung ist, $B(x)$ und $D(x)$ aber unbekannt sind. Dabei verwendete er eine Methode von P. D. FINCH [1]. Das Anliegen dieser Arbeit ist eine allgemeinere Behandlung der Integralgleichung (1.5), wenn entweder $A(x)$ oder $B(x)$ und $D(x)$ unbekannt sind. Es wird dabei eine neue Methode von H.-J. ROSSBERG [3], [4] verwendet, die er auf die Modelle von D. V. LINDLEY [2] und P. D. FINCH [1] angewendet hat. Es wird stets (1.4) vorausgesetzt.

2. Behandlung der Integralgleichung (1.5) bei unbekannter Verteilung $A(x)$

Zur Behandlung der Integralgleichung (1.5) schreiben wir diese in der Form

$$W(x) = \int_{+0}^{\infty} U(x-y)\,\mathrm{d}W(y) + W(+0)\,C(x) \qquad (x>0) \tag{1.5'}$$

auf. Mit der für $x = 0$ stetigen Funktion

$$\mathring{W}(x) = \begin{cases} W(x) & x>0\,, \\ W(+0) & x \leqq 0 \end{cases}$$

gewinnen wir aus (1.5′)

$$\mathring{W}(x) = \int_{-\infty}^{\infty} U(x-y)\,\mathrm{d}\mathring{W}(y) + W(+0)\,C(x)\,.$$

Die Funktion

$$F(x) = \frac{\mathring{W}(x) - W(+0)}{1 - W(+0)}$$

ist dann eine Verteilungsfunktion, und es gilt

$$W(x) = W(+0)\,\varepsilon_0(x) + \big(1 - W(+0)\big)\,F(x)\,,$$

wo $\varepsilon_0(x)$ die bei 0 konzentrierte ausgeartete Verteilung bezeichnet. Mit dieser Funktion $F(x)$ lautet unsere Integralgleichung

$$W(+0) + \big(1 - W(+0)\big)\,F(x) = \big(1 - W(+0)\big)\int_{-\infty}^{\infty} U(x-y)\,\mathrm{d}F(y) + W(+0)\,C(x) \qquad (x>0)\,. \tag{2.1}$$

Wir werden im folgenden darauf ausgehen, die Verteilung $F(x)$ zu bestimmen. Analog zu [4] führen wir die Hilfsfunktion $\hat{W}(x)$ ein, so daß

$$\hat{W}(x) + W(+0) + \big(1 - W(+0)\big)\,F(x) = \big(1 - W(+0)\big)\int_{-\infty}^{\infty} U(x-y)\,\mathrm{d}F(y) + W(+0)\,C(x)\,. \quad (-\infty < x < \infty)\,. \tag{2.2}$$

Dabei ist

$$\hat{W}(x) = \begin{cases} \big(1 - W(+0)\big)\int_{-\infty}^{\infty} U(x-y)\,\mathrm{d}F(y) + W(+0)\,[C(x) - 1] & (x \leqq 0)\,, \\ 0 & (x>0) \end{cases}$$

gesetzt. Daher ist $\hat{W}(-\infty) = -W(+0)$ und $\hat{W}(x)$ monoton mit $\hat{W}(-0) = \hat{W}(0) = 0$. Auch die Funktion

$$\hat{F}(x) = \frac{\hat{W}(x) + W(+0)}{W(+0)}$$

ist also Verteilungsfunktion, und aus (2.2) folgt

$$W(+0)\,\hat{F}(x) + \big(1 - W(+0)\big)\,F(x)$$
$$= \big(1 - W(+0)\big) \cdot \int_{-\infty}^{\infty} U(x-y)\,\mathrm{d}F(y) + W(+0)\,C(x) \qquad (-\infty < x < \infty) \tag{2.3}$$

In dieser Gleichung treten ausschließlich Verteilungsfunktionen auf.

Im folgenden benötigen wir die charakteristischen Funktionen (c. F.)

$$A^*(z) = \int_0^\infty e^{izu}\,\mathrm{d}A(u)\,, \qquad B^*(z) = \int_0^\infty e^{izu}\,\mathrm{d}B(u)\,,$$

$$D^*(z) = \int_0^\infty e^{izu}\,\mathrm{d}D(u)\,, \qquad W^*(z) = \int_0^\infty e^{izu}\,\mathrm{d}W(u)\,,$$

$$F^*(z) = \int_0^\infty e^{izu}\,\mathrm{d}F(u)\,, \qquad \hat{F}^*(z) = \int_{-\infty}^0 e^{izu}\,\mathrm{d}\hat{F}(u)\,,$$

$$U^*(z) = \int_{-\infty}^\infty e^{izu}\,\mathrm{d}U(u)\,, \qquad C^*(z) = \int_{-\infty}^\infty e^{izu}\,\mathrm{d}C(u)\,,$$

wobei $z = t + iy$ gesetzt ist. Sie existieren sicher für $y = 0$, weiterhin sind die fünf ersten in $\{z : y > 0\}$ analytische und in $\{z : y \geqq 0\}$ stetige und beschränkte Funktionen; $\hat{F}^*(z)$ ist analytisch in $\{z : y < 0\}$, stetig und beschränkt in $\{z : y \leqq 0\}$. Für die c. F. $U^*(z)$ und $C^*(z)$ folgt aus dem Faltungssatz für die zweiseitige LAPLACE-STIELTJES-Transformation

$$U^*(z) = A^*(-z)\,B^*(z) \quad \text{bzw.} \quad C^*(z) = A^*(-z)\,D^*(z) \tag{2.4}$$

für alle z, für die sowohl $A^*(-z)$ als auch $B^*(z)$ bzw. $D^*(z)$ analytisch ist. Setzen wir

$$\varrho = \frac{W(+0)}{1 - W(+0)}\,,$$

so folgt aus Gleichung (2.3) in Analogie zu (6.3) aus [4]

$$\varrho\,\hat{F}^*(t) + [1 - U^*(t)]\,F^*(t) = \varrho\,C^*(t) \qquad (\text{für alle } t)\,. \tag{2.5}$$

Wir erhalten auf Grund von (2.5) in Analogie zu [4], Satz 6.2, den

S a t z 2.1.: *$B^*(z)$ und $D^*(z)$ mögen eindeutige analytische*[1]) *c. F. mit den Definitionsbereichen G_B bzw. G_D sein. Dann ist $F^*(z)$ mindestens im Gebiet $G_B \cap G_D$ eindeutig analytisch, und in $G = G_B \cap G_D \cap \{z : y \leqq 0\}$ gilt*

$$F^*(z) = \varrho\,\frac{A^*(-z)\,D^*(z) - \hat{F}^*(z)}{1 - A^*(-z)\,B^*(z)}\,. \tag{2.6}$$

[1]) Eine c. F. heißt *analytisch*, wenn sie in einem Streifen $\{z.\ -\alpha < \mathrm{Im}\,z < \beta\ (\alpha, \beta > 0)\}$ analytisch ist. Ist $B^*(z)$ analytisch in diesem Sinn, dann also in einer Halbebene $\{z: \mathrm{Im}\,z > -\alpha\}$.

Dabei ist $\hat{F}^*(z)$ *die c. F. einer Verteilungsfunktion* $\hat{F}(x)$ *mit* $\hat{F}(-0) = 1$, *also eine in* $\{z : y < 0\}$ *analytische Funktion, die in* $\{z : y \leq 0\}$ *stetig und beschränkt ist.*

Wenn umgekehrt $F^*(z)$ *eine eindeutige analytische c. F. ist, dann sind auch* $B^*(z)$ *und* $D^*(z)$ *analytische c. F., und in einem Streifen* $\{z : -\gamma < \operatorname{Im} z < 0\}$ $(\gamma > 0)$ *der unteren Halbebene gilt wieder* (2.6).

Setzen wir $B^*(z)$ und $D^*(z)$ als rational voraus, so gilt (2.6) vermöge analytischer Fortsetzung in der ganzen unteren Halbebene. Daher erschließt man leicht, daß $F^*(z)$ rational ist, denn $F^*(z)$ ist außerhalb eines genügend großen Kreises um 0 beschränkt. In diesem Kreis gibt es nur Pole als Singularitäten, deren Lage man aus (2.6) sofort abliest. Demnach gewinnen wir den

Satz 2.2.: *Wenn* $B^*(z)$ *und* $D^*(z)$ *rational sind, dann ist auch* $F^*(z)$ *rational. Sind* $-i a_1, \ldots, -i a_n$ *die Pole und* $-i b_1, \ldots, i b_n$ *die Nullstellen von* $1 - U^*(z)$ *in* $\{z : y < 0\}$[1]) *und schließlich* $-i p_1, \ldots, -i p_m$ *die Pole von* $A^*(-z) D^*(z)$, *so gilt*

$$F^*(z) = \prod_{\nu=1}^{n} \frac{1 + \dfrac{z}{i a_\nu}}{1 + \dfrac{z}{i b_\nu}} \cdot \frac{\prod\limits_{\mu=1}^{k} \left(1 + \dfrac{z}{i d_\mu}\right)}{\prod\limits_{\lambda=1}^{m} \left(1 + \dfrac{z}{i p_\lambda}\right)}. \tag{2.7}$$

Dabei ist wegen $F(+0) = 0$ $k < m$.
Über die Lage der möglicherweise vorhandenen Nullstellen $-i d_\mu$ von $F^*(z)$ scheinen allgemeine Angaben schwierig zu sein.

Im Falle

$$D(x) = \sum_{\lambda=1}^{m} D_\lambda (1 - e^{-p_\lambda x})$$

$$D_\lambda > 0 \, (\lambda = 1, \ldots, m), \quad \sum_{\lambda=1}^{m} D_\lambda = 1, \quad 0 < p_1 < \cdots < p_m \tag{2.8}$$

aber läßt sich über die Lage der d_μ $(\mu = 1, \ldots, k)$ etwas aussagen. Die c. F. $D^*(z)$ der Verteilung (2.8) ist nämlich rational, und ihre Pole und Nullstellen liegen alle auf der Halbachse $\{z : t = 0, y < 0\}$, wobei sie sich gegenseitig trennen; andererseits gehören alle c. F. mit dieser Eigenschaft zu Verteilungen der Gestalt (2.8). Einen Beweis für diese Tatsache findet man in [4], § 3. Eben diese charakteristische Eigenschaft überträgt sich vermöge (2.6) auf den zweiten Faktor von (2.7). Daher haben wir den

Satz 2.3.: *Wenn* $D(x)$ *die Gestalt* (2.8) *hat, so gilt* (2.7) *mit* $k = m - 1$, *und es ist* $0 < p_1 < d_1 < p_2 < \cdots < d_{m-1} < p_m$. *Dann ist* $F^*(z)$ *das Produkt von zwei c. F., denn der erste Faktor in* (2.7) *entspricht der Lösung der homogenen* LINDLEY*schen Integralgleichung* (*s.* [4], § 3).

[1]) Die Anzahl der Pole und Nullstellen von $1 - U^*(z)$ in $\{z : y < 0\}$ ist gleich; s. z. B. [4], § 3.

3. Aussagen über $F^*(z)$ bei unbekannten Bedienungszeitverteilungen $B(x)$ und $D(x)$

In diesem Abschnitt wollen wir $A(x)$ als bekannt voraussetzen, wobei jedoch $B(x)$ und $D(x)$ unbekannt sein mögen. Wenn $A^*(z)$ als in der ganzen Ebene analytisch angenommen wird, so ist offenbar die Funktion

$$\varrho\, C^*(z) - \big(1 - U^*(z)\big)\, F^*(z) = A^*(-z)\, [\varrho\, D^*(z) + B^*(z)\, F^*(z)] - F^*(z) \quad (3.1)$$

in der oberen Halbebene $\{z : y > 0\}$ definiert. Andererseits ist

$$\varrho\, \hat{F}^*(z) \quad (3.2)$$

in $\{z : y < 0\}$ definiert, und beide Funktionen nehmen ihre Randwerte auf der reellen Achse stetig an. Vermöge (2.5) aber stimmen diese Randwerte überein. Daher läßt sich (3.2) in der Gestalt (3.1) in die obere Halbebene analytisch fortsetzen. Folglich haben wir den

Satz 3.1.: *Wenn $A^*(z)$ in der ganzen Ebene als eindeutige analytische Funktion definiert ist, so gilt dasselbe für $\hat{F}^*(z)$, und es besteht die Beziehung* (2.6) *in* $\{z : y \geqq 0\}$. *Wenn $A^*(z)$ rational ist, dann auch $\hat{F}^*(z)$.*

Leider kann man aus (3.1) nicht ohne weiteres entnehmen, ob sich alle Pole von $A^*(-z)$ auf $\hat{F}^*(z)$ übertragen. Ein einfacher Fall liegt aber vor, wenn

$$A(x) = \sum_{\nu=1}^{n} A_\nu (1 - e^{-a_\nu x}), \quad (3.3)$$

$$A_\nu > 0 \quad (\nu = 1, \ldots, n), \quad \sum_{\nu=1}^{n} A_\nu = 1, \quad 0 < a_1 < a_2 < \cdots < a_n < \infty.$$

Um ihn zu behandeln, benutzen wir (2.6) in der Form

$$\varrho\, \hat{F}^*(z) = A^*(-z)\, [\varrho\, D^*(z) + B^*(z)\, F^*(z)] - F^*(z), \quad \{z : y \geq 0\}. \quad (3.4)$$

Hier ist aber der Faktor von $A^*(-z)$ auf der imaginären Achse für $y > 0$ positiv. Daher überträgt sich die bereits in § 2 genannte charakteristische Eigenschaft der c. F. $A^*(-z)$ auf $\hat{F}^*(z)$. So ergibt sich der folgende

Satz 3.2.: *Wenn $A(x)$ die Gestalt* (3.3) *besitzt, so ist in* (2.6)

$$\hat{F}^*(z) = \sum_{\nu=1}^{n} F_\nu \frac{1}{1 - \frac{z}{i\, a_\nu}} \qquad F_\nu > 0 \ (\nu = 1, \ldots, n), \quad \sum_{\nu=1}^{n} F_\nu = 1 \quad (3.5)$$

zu setzen.

Den Spezialfall $n = 1$, d. h. $A(x) = 1 - e^{-ax}$ $(x \geqq 0)$, hat G. F. Yeo in [6] erhalten.

Es ist klar, daß man auch den allgemeinen Fall einer Erlang-Verteilung mit $A^*(z) = \left(1 + \frac{z}{i\, a}\right)^{-k}$ auf die beschriebene Weise behandeln kann.

4. Anwendung einer Wiener-Hopf-Faktorisierung

Die Gleichung (2.6) gilt unter den Voraussetzungen des Satzes 2.1 mindestens in einem Streifen $\{z : -\mu < \operatorname{Im} z < 0\}$ $(\mu > 0)$. Wie in [4], § 2, gezeigt wird, gilt für ein genügend kleines $\mu' > 0$ außerdem

$$|U^*(z)| < 1 \qquad \{z : -\mu' < \operatorname{Im} z < 0\} .$$

Daher gibt es eine WIENER-HOPF-Faktorisierung

$$1 - U^*(z) = \frac{\exp\{\Phi_+(z)\}}{\exp\{\Phi_-(z)\}} \quad \{z: -\mu' < \operatorname{Im} z < 0\} , \tag{4.1}$$

wo $\Phi_+(z)$ analytisch und beschränkt in $\left\{z: -\frac{\mu'}{2} \leqq \operatorname{Im} z\right\}$ ist, $\Phi_-(z)$ dagegen dieselben Eigenschaften in $\left\{z: \operatorname{Im} z \leqq \frac{\mu'}{2}\right\}$ besitzt. Man findet diese Faktorisierung z. B. in [3], § 4.4.6. H.-J. ROSSBERG hat sie erstmals auf die Integralgleichungen von LINDLEY und FINCH angewendet. Sein Verfahren ist auch hier anwendbar. Aus (2.6) erhalten wir nämlich mit Rücksicht auf (4.1)

$$\varrho\,[C^*(z) - \hat{F}^*(z)]\, e^{\Phi_-(z)} = F^*(z)\, e^{\Phi_+(z)} \qquad \{z : -\mu' < \operatorname{Im} z < 0\} , \tag{4.2}$$

und jede Seite dieser Gleichung ist somit die analytische Fortsetzung der anderen. Ist $D^*(z)$ rational, so ist die linke Seite in der ganzen unteren Halbebene $\{z : y < 0\}$ definiert. Beide Seiten von (4.2) zusammen stellen folglich eine Funktion $R(z)$ dar, die außerhalb eines genügend großen Kreises um 0 beschränkt ist und in seinem Innern die Pole von $C^*(z)$ besitzt (und keine weiteren Singularitäten). Demnach ist $R(z)$ rational und wir haben

$$F^*(z)\, e^{\Phi_+(z)} = R(z) . \tag{4.3}$$

Nennen wir $W_0(x)$ die *Lösung der homogenen Integralgleichung*

$$W_0(x) = \int_{-0}^{\infty} U(x - y)\, dW_0(x) \qquad (x > 0)$$

im Modell von D. V. LINDLEY [2]. Ihre c. F. ermittelt man (s. z. B. [5]) durch die WIENER-HOPF-Faktorisierung als

$$W_0^*(z) = e^{\Phi_+(0)}\, e^{-\Phi_+(z)} . \tag{4.4}$$

Gleichung (4.3) erhält somit die Form

$$F^*(z) = W_0^*(z)\, r(z)$$

mit der rationalen Funktion

$$r(z) = R(z)\, e^{-\Phi_+(0)} .$$

Dabei hat $r(z)$ wegen $F(+0) = 0$ mindestens eine Nullstelle weniger als Pole. Es ist nämlich $F(+0) = \lim_{y \to \infty} F^*(i\,y) = W_0(+0)\, r(i\,\infty)$, wobei $W_0(+0) > 0$.

Literatur

[1] FINCH, P. D.: A probability limit theorem with applications to a generalisation of queueing theory. Acta Math. Acad. Sci. Hungar. **10**, 317–325 (1959).

[2] LINDLEY, D. V.: The Theory of queues with a single server. Proc. Cambridge philos. Soc. **48**, 277–289 (1952).

[3] PRABHU, N. U.: Queues and Inventories. New York, London, Sidney 1965.
[4] ROSSBERG, H.-J.: Eine neue Methode zur Behandlung der Integralgleichung von LINDLEY und ihrer Verallgemeinerung durch FINCH. EIK 3, 215–238 (1967).
[5] ROSSBERG, H.-J.: Ausbeutung einer bekannten WIENER-HOPF-Faktorisierung beim Wartemodell G/G/1 und einer mit ihm zusammenhängenden Irrfahrt (in Vorbereitung).
[6] YEO, G. F.: Single server queues with modified service mechanisms. J. Australian math. Soc. 2, 499–507 (1962).

Zur Optimierung des Stichprobenumfangs

Von HANS BANDEMER[1])

Als Optimalitätskriterium wird das Minimum der Summe aus den Probenkosten und dem Erwartungswert der explizit gegebenen Verlustfunktion gewählt. Als a-priori-Information über die Verteilung der Grundgesamtheit ist ein Bereich für die Momente bekannt. Unter diesen Voraussetzungen wird ein numerisches Verfahren zur Bestimmung von Schranken für den optimalen Stichprobenumfang entwickelt.

1. Einleitung und Problemstellung

Viele Probleme in den praktischen Anwendungen enthalten die Aufgabe, den Erwartungswert $\mathsf{E}X$ eines Zufallselements X (Zufallsgröße, -vektor, -funktion oder -feld) zu schätzen. Eine geeignete Schätzung $\hat{X}(n)$ mit optimalen Eigenschaften (z. B. Erwartungstreue, Effektivität, Konsistenz) sei bekannt. Da die Gewinnung von Realisierungen $x_1, \ldots, x_n$ von X jedoch mit Kosten $K(n)$ verbunden ist, erhebt sich die Frage, wie groß der Stichprobenumfang n zu wählen sei. Um zu einer ökonomischen Optimierung zu kommen, kann man die Probenkosten $K(n)$ den möglichen Kosten, d. h. dem Schaden gegenüberstellen, den eine zu ungenaue Kenntnis des zu schätzenden Erwartungswertes verursacht. Es wird angenommen, daß für die weiteren Entscheidungen die Schätzung $\hat{x}$ anstelle des Erwartungswertes $\mathsf{E}X$ verwendet wird, eine durchaus übliche und vernünftige Strategie. Dadurch entsteht ein Schaden $R(\hat{x}, \mathsf{E}X)$, dessen Erwartungswert $\mathsf{E}R(\hat{X}(n), \mathsf{E}X)$ den mittleren möglichen Schaden, das Risiko, bei der Verwendung dieser Strategie darstellt. Dieses Risiko wird mit wachsendem n im allgemeinen sinken, denn z. B. für eine konsistente Schätzung $\hat{X}$ geht die Wahrscheinlichkeit für eine Abweichung der Schätzung vom zu schätzenden Wert $\mathsf{E}X$ mit wachsendem n gegen Null und der Schaden wird bei praktisch sinnvollen Problemen für abnehmende Abweichungen nicht wachsen. Andererseits steigen die Probenkosten $K(n)$ mit wachsendem n an. Man kann daher als *Optimalitätskriterium* verlangen, daß die *Summe aus Risiko und Probenkosten minimal* ist:

$$K(n) + \mathsf{E}R(\hat{X}(n), \mathsf{E}X) = \text{Min !} \tag{1.1}$$

---

[1]) Section Mathematik der Bergakademie Freiberg.

Die Funktionen $K(n)$ und $\mathsf{E}R(\hat{X}(n), \mathsf{E}X) = \mathsf{E}R(n)$ seien eindeutige Funktionen ihrer Argumente. Für die Existenz eines Minimums ist hinreichend, daß

$$-\infty < K(n) < \infty \tag{1.2}$$

und

$$\lim_{n\to\infty} [K(n)]^{-1} = 0\,, \tag{1.3}$$

sowie

$$\overline{\lim_{n\to\infty}}\, |\mathsf{E}R(n)| = e < \infty\,. \tag{1.4}$$

Wegen (1.2) und (1.4) gibt es nämlich ein n_1 und ein k mit

$$K(n_1) + \mathsf{E}R(n_1) = k < \infty \tag{1.5}$$

Weiterhin existiert nach (1.4) ein $n_2 \geqq n_1$, so daß

$$|\mathsf{E}R(n)| \leqq e + c \tag{1.6}$$

für ein festes $c > 0$ und $n \geqq n_2$ ausfällt, und schließlich findet sich wegen (1.2) und (1.3) ein $n_3 \geqq n_2$, von dem ab

$$K(n) > k + e + c\,. \tag{1.7}$$

Damit erhält man für alle $n \geqq n_3$

$$K(n) + \mathsf{E}R(n) \geqq K(n) - e - c > k\,, \tag{1.8}$$

d. h., das Minimum kann höchstens für ein $n < n_3$ angenommen werden. Die endliche Menge

$$\{K(n) + \mathsf{E}R(n);\, n = 1, 2, \ldots, n_3\} \tag{1.9}$$

hat sicher ein Minimum, das an mehreren Stellen angenommen werden und eventuell auch nicht endlich ($-\infty$) sein kann. Die Bedingungen (1.2) bis (1.4) sind in den praktischen Anwendungen stets erfüllt. Die Eindeutigkeit des Minimums erreicht man, indem man das kleinste n wählt, für das es angenommen wird. Der Fall der Nichtendlichkeit des Minimums tritt bei praktischen Problemen nicht auf.

Da das Problem in der dargelegten Allgemeinheit noch nicht gelöst ist, wird in den nächsten Abschnitten ein interessanter und wichtiger Spezialfall behandelt, der am Schluß der Note etwas verallgemeinert wird.

2. Spezialfall

Der Erwartungswert $\mathsf{E}X = \mu$ der Zufallsgröße X wird durch den Stichprobenmittelwert $\overline{X} = \sum X_i/n$ geschätzt, dabei sind die X_i voneinander unabhängige, mit der Verteilung von X identisch verteilte Zufallsgrößen. Weiterhin wird angenommen, daß die Verlustfunktion $R(\bar{x}, \mu)$ nur von der Differenz der Argumente abhängt

$$R(\bar{x}, \mu) = R\,(\bar{x} - \mu)\,, \tag{2.1}$$

was in den Anwendungen häufig der Fall ist. Mit diesen Voraussetzungen ist jedoch das Problem (1.1) in der Form

$$K(n) + \mathsf{E}R\,(\overline{X} - \mu) = \text{Min}\,! \tag{2.2}$$

noch nicht lösbar. Es bedarf dazu noch einiger Angaben über die Zufallsgröße X. Im folgenden werden zwei Arten solcher Informationen unterschieden:
1. Angabe des Verteilungstyps von X,
2. Angabe von Schranken für die Momente der Verteilung.

3. Gegebener Verteilungstyp

Wenn der Verteilungstyp der Zufallsgröße X gegeben ist, läßt sich durch fortgesetzte Faltung die Verteilung des Mittelwerts $\bar{X}$ bis auf eine Anzahl von Parametern bestimmen. Sei z. B. X normalverteilt mit $\mathsf{E}X = \mu$ und $D^2 X = \sigma^2$, so ist $\bar{X} - \mu$ ebenfalls normalverteilt mit $\mathsf{E}(\bar{X} - \mu) = 0$ und $D^2(\bar{X} - \mu) = \sigma^2/n$. Damit ergibt sich sofort

$$\mathsf{E}R(\bar{X} - \mu) = \frac{1}{\sqrt{2\pi}} \int_{-\infty}^{\infty} R\left(\frac{\sigma y}{\sqrt{n}}\right) e^{-y^2/2}\, dy\,. \tag{3.1}$$

Falls das Integral für jedes n existiert und σ bekannt ist, erhält man unter den Bedingungen (1.2) bis (1.4) den optimalen Stichprobenumfang n_0. Wenn σ jedoch unbekannt ist, liefert das Verfahren den optimalen Umfang $n_0(\sigma)$ nur als Funktion der Streuung. Kennt man ein Intervall, in dem die Streuung mit Sicherheit liegt: $\underline{\sigma}^2 \leqq \sigma^2 \leqq \bar{\sigma}^2$, so kann man ein Intervall $\underline{n}_0 \leqq n_0 \leqq \bar{n}_0$ angeben, in dem der optimale Stichprobenumfang mit Sicherheit liegt. Solche Schranken für die Streuung liegen in der Praxis häufig von früheren Untersuchungen vor oder ergeben sich aus den Gesetzen des das Verfahren anwendenden Wissenschaftszweiges.

Wenn der Verteilungstyp nicht gegeben ist, man jedoch nach Betrachtung der Kosten- und der Verlustfunktion einen großen optimalen Stichprobenumfang n_0 erwartet, kann man die Aussage des zentralen Grenzwertsatzes verwenden. Im vorliegenden Falle unabhängiger, identisch verteilter Stichprobenelemente, reicht die Existenz von Erwartungswert und Streuung der Zufallsgröße X bereits aus, um eine Konvergenz der Verteilung des Stichprobenmittels $\bar{X}$ gegen eine Normalverteilung zu sichern [1]. Das vorstehende Verfahren läßt sich also allgemein als asymptotische Näherungsmethode verwenden.

4. Gegebene Momentschranken, Näherungsproblem

Es soll nun der Fall untersucht werden, *daß die Zufallsgröße X auch nicht annähernd normalverteilt ist, ihr Verteilungstyp jedoch unbekannt ist und der erwartete Stichprobenumfang die zur Anwendung des zentralen Grenzwertsatzes nötige Größe nicht erreicht.* Als Angaben über die Zufallsgröße X stehen Schranken für die Momente zur Verfügung.

Ohne weitere Voraussetzungen über die Verteilung von X und über die Verlustfunktion $R(\bar{x} - \mu)$ kann ein Lösungsverfahren für die Minimierungsaufgabe noch nicht angegeben werden.

Daher sollen einige Voraussetzungen und Annahmen betrachtet werden, die in der Praxis fast stets erfüllt sind.

1. Für jede natürliche Kenngröße lassen sich alle möglichen Werte in ein endliches Intervall einschließen. Daher wird als Voraussetzung

$$\mathsf{P}(0 \leq X \leq 1) = 1 \tag{4.1}$$

angenommen. Unter dieser Voraussetzung existieren alle Momente von X.

2. Die Verlustfunktion $R(\bar{x} - \mu)$ sei im abgeschlossenen Intervall $[-1, 1]$ stetig und daher beschränkt.

Falls $R(\bar{x} - \mu)$ unstetig ist, soll die Voraussetzung 2 ersetzt werden durch die Voraussetzung:

2'. Die Verteilung $F_{\bar{X}}$ von $\bar{X}$ sei so beschaffen, daß zu jedem $\varepsilon_0 > 0$ eine in $[-1, 1]$ stetige Funktion $R_{\varepsilon_0}(\bar{x} - \mu)$ existiert, so daß

$$|\mathsf{E}R - \mathsf{E}R_{\varepsilon_0}| < \varepsilon_0 , \tag{4.2}$$

d. h.

$$\left|\int_0^1 (R - R_{\varepsilon_0})\, \mathrm{d}F_{\bar{X}}\right| < \varepsilon_0 . \tag{4.3}$$

Diese Voraussetzung ist z. B. erfüllt, wenn X eine stetige Zufallsgröße ist. Falls R und $F_{\bar{X}}$ stückweise stetig sind, so genügt offensichtlich schon, daß die Funktionen keine gemeinsame Sprungstelle haben.

Unter diesen Voraussetzungen läßt sich zum gegebenen Problem (2.2) ein Näherungsproblem angeben, in dem die zu minimierende Funktion betragsmäßig um weniger als eine vorgegebene Größe η von der in (2.2) abweicht. Da die Festlegung der Verlustfunktion in praktischen Fällen sowieso nur mit einer „natürlichen Genauigkeit" γ möglich ist, reicht die Lösung des Näherungsproblems bereits aus, vor allem da am Ende des Abschnitts gezeigt werden kann, daß die beiden Funktionen für hinreichend kleines η ihre Minimalwerte an den gleichen Stellen annehmen.

Nach dem Satz von Weierstrass existiert zu jedem $\varepsilon_1 > 0$ ein Polynom

$$R_{\varepsilon_1}(\bar{x} - \mu) = \sum_{v=0}^{g} a_v (\bar{x} - \mu)^v \tag{4.4}$$

mit der Eigenschaft, im Fall der Voraussetzung 2',

$$|R_{\varepsilon_1}(\bar{x} - \mu) - R_{\varepsilon_0}(\bar{x} - \mu)| < \varepsilon_1 \quad \text{in } [-1, 1] \tag{4.5}$$

oder wenn die Voraussetzung 2 erfüllt ist

$$|R_{\varepsilon_1}(\bar{x} - \mu) - R(\bar{x} - \mu)| < \varepsilon_1 \quad \text{in } [-1, 1] . \tag{4.6}$$

Die Bildung des Erwartungswertes von (4.4) führt mit

$$\mathsf{E}R_{\varepsilon_1}(\bar{X} - \mu) = \sum_{v=0}^{g} a_v \,\mathsf{E}(\bar{X} - \mu)^v \tag{4.7}$$

auf die Momente

$$m_{v(\bar{x})} = \int_0^1 (\bar{x} - \mu)^v \,\mathrm{d}F_{\bar{X}}(\bar{x}) , \tag{4.8}$$

die wegen der Endlichkeit des Intervalls existieren. Wegen $\mathsf{E}\bar{X} = \mu$ ist $m_{1(\bar{x})} = 0$.

Da die Elemente X_i der Stichprobe nach Voraussetzung unabhängig voneinander sind, lassen sich die Momente $m_{v(\bar{x})}$ des Mittelwertes $\bar{X}$ allein durch die Momente $m_{v(x)}$ der Grundgesamtheit X ausdrücken.

Bekanntlich gilt mit $Y_\varkappa = X_\varkappa - \mathsf{E}X_\varkappa$ die Identität

$$(\bar{X} - \mathsf{E}\bar{X})^k = \left(\sum_{\varkappa=1}^{n} Y_\varkappa\right)^k \Big/ n^k = (k!/n^k) \sum \prod_{\varkappa=1}^{n} (Y_\varkappa^{v_\varkappa}/v_\varkappa!) , \tag{4.9}$$

wobei auf der rechten Seite die Summe alle Ausdrücke umfaßt, die aus dem unter dem Summenzeichen stehenden Ausdruck hervorgehen, wenn man für $v_1, \ldots, v_n$ nach und nach alle möglichen Zusammenstellungen ganzzahliger, nichtnegativer Werte einsetzt, welche die Bedingung

$$\sum_{\varkappa=1}^{n} v_\varkappa = k \tag{4.10}$$

erfüllen. Durch Bildung des Erwartungswertes in (4.9) und bei Beachtung der Unabhängigkeit und von $m_{1(x)} = 0$ erhält man z. B.

$$\left.\begin{aligned} m_{2(\bar{x})} &= m_{2(x)}/n \; ; \qquad m_{3(\bar{x})} = m_{3(x)}/n^2 \; ; \\ m_{4(\bar{x})} &= [m_{4(x)} + 3\,(n-1)\, m_{2(x)}^2]/n^3 \, . \end{aligned}\right\} \tag{4.11}$$

Schließlich läßt sich auch die Kostenfunktion $K(n)$ im interessierenden Bereich $n \leqq n_4$, $n_3 \leqq n_4$ mit

$$K(n) > q \qquad \text{für} \qquad n > n_4 \, , \tag{4.12}$$

wobei q eine obere Schranke für R_{ε_1} bzw. R in $[-1, 1]$ darstellt, durch ein Polynom

$$K_{\varepsilon_2}(n) = \sum_{v=0}^{h} b_v\, n^v \tag{4.13}$$

approximieren:

$$|K_{\varepsilon_2}(n) - K(n)| < \varepsilon_2 \qquad \text{für} \qquad 1 \leqq n \leqq n_4 \, . \tag{4.14}$$

Dies ist wegen (1.2) ohne weitere Voraussetzungen über $K(n)$ möglich, da sich die nur für natürliche Zahlen gegebene Funktion im Bereich $1 \leqq n \leqq n_4$ sogar durch ein Polynom interpolieren läßt.

Bezeichnet man die *zu minimierende Funktion von* (2.2) mit

$$G_0(n) = K(n) + \mathsf{E}R\,(\bar{X} - \mu) \, , \tag{4.15}$$

dann ist im zugehörigen Näherungsproblem

$$G(n) = K_{\varepsilon_2}(n) + \mathsf{E}R_{\varepsilon_1}(\bar{X} - \mu) \, . \tag{4.16}$$

Wenn man in (4.7) die Momente $m_{v(\bar{x})}$ durch die entsprechenden Ausdrücke in den Momenten $m_{i(x)}$ der Grundgesamtheit ersetzt (siehe z. B. (4.11)) und nach fallenden Potenzen von n ordnet, so ergibt sich

$$\mathsf{E}R_{\varepsilon_1}(\bar{X} - \mu) = \sum_{v=0}^{g} (c_v/n^v) \, . \tag{4.17}$$

Zusammen mit (4.13) in (4.16) eingesetzt, erhält man für $G(n)$ die Form

$$G(n) = \sum_{v=0}^{h} b_v\, n^v + \sum_{v=0}^{g} (c_v/n^v) \, , \tag{4.18}$$

wobei

$$c_v = c_v\,(m_{2(x)}, \ldots, m_{g(x)}) \,, \qquad v = 0, 1, \ldots, g$$

Polynome in den Momenten der Grundgesamtheit sind.

Die Differenz zwischen der ursprünglichen Funktion $G_0(n)$ und $G(n)$ läßt sich unter den angegebenen Voraussetzungen beliebig klein machen. Es ist nämlich

$$|G(n) - G_0(n)| \leqq |K_{\varepsilon_2}(n) - K(n)| + |\mathsf{E}R_{\varepsilon_1} - \mathsf{E}R_{\varepsilon_0}| + |\mathsf{E}R_{\varepsilon_0} - \mathsf{E}R| \tag{4.19}$$

und nach (4.3) und (4.14) erhält man

$$|G(n) - G_0(n)| \leqq \varepsilon_2 + |\mathsf{E}R_{\varepsilon_1} - \mathsf{E}R_{\varepsilon_0}| + \varepsilon_0 \tag{4.20}$$

und weiter wegen (4.5)

$$|\mathsf{E}\,(R_{\varepsilon_1} - R_{\varepsilon_0})| \leqq \int_0^1 |R_{\varepsilon_1} - R_{\varepsilon_0}|\,\mathrm{d}F_{\overline{X}} < \varepsilon_1 \int_0^1 \mathrm{d}F_{\overline{X}} = \varepsilon_1 \,, \tag{4.21}$$

womit schließlich

$$|G(n) - G_0(n)| < \varepsilon_2 + \varepsilon_1 + \varepsilon_0 = \eta \,. \tag{4.22}$$

Damit ist gezeigt, *daß sich $G_0(n)$ beliebig genau durch $G(n)$ approximieren läßt.* Die absoluten Extremalwerte unterscheiden sich nach (4.22) höchstens um η, das sich durch geeignete Wahl von ε_0, ε_1, ε_2 unter eine Schranke γ der „natürlichen Genauigkeit" drücken läßt.

Hat das Problem $G_0(n) = \mathrm{Min}$ *eine eindeutige Lösung* n_0 *mit*

$$G_0(n_0) < G(n) \qquad \text{für alle } n \neq n_0 \,, \tag{4.23}$$

so gibt es wegen $n_0 < n_3$ (vgl. (1.8)) *eine untere Schranke λ für die Abweichung vom Minimum:*

$$G_0(n) - G_0(n_0) > \lambda \qquad \text{für alle} \quad n \neq n_0 \,. \tag{4.24}$$

Wählt man etwa $\eta = \lambda/3$, so nimmt die Näherungsfunktion $G(n)$ ihr absolutes Minimum an der gleichen Stelle n_0 an wie die ursprüngliche Funktion $G_0(n)$.

Die Lösung des Näherungsproblems liefert also in diesem Fall die genaue Lösung des Ausgangsproblems. Wenn $G_0(n)$ ihr absolutes Minimum an mehreren Stellen annimmt, erhält man mit einer ganz analogen Argumentation, daß $G(n)$ sein absolutes Minimum an mindestens einer der Stellen n_0 von $G_0(n)$ annimmt.

5. Gegebene Momente beim Näherungsproblem

Zur Lösung des Minimalproblems

$$G(n) = \sum_{v=0}^{h} b_v\, n^v + \sum_{v=0}^{g} (c_v/n^v) = \mathrm{Min}\,! \tag{5.1}$$

soll zuerst angenommen werden, daß die Momente $m_{2(x)}, \ldots, m_{g(x)}$ der Grundgesamtheit X genau bekannt sind.

Falls das gesuchte absolute Minimum gleichzeitig das einzige lokale Minimum von $G(n)$ in $n \leqq n_3$ ist, wie das in praktischen Fällen häufig vorkommt, so genügt es, die Funktionswerte $G(n)$ für $n = 1, 2, \ldots$ zu berechnen bis zum ersten

Mal $G(n) < G(n+1)$ ausfällt. Es empfiehlt sich in der Regel nicht, die Funktion $G(n)$ als differenzierbare Funktion eines kontinuierlichen n aufzufassen und das Minimum durch Nullsetzen der Ableitung zu suchen, denn es können dadurch weitere lokale Minima eingeschleppt werden. Zum anderen war vorausgesetzt worden, daß n_0 klein ist, womit der numerische Aufwand bei der sukzessiven Berechnung der $G(n)$ kleiner sein dürfte als für die Nullstellenbestimmung der Ableitung.

Wenn das verlangte absolute Minimum nicht gleichzeitig das einzige lokale Minimum ist, oder wenn überhaupt nichts über die Anzahl der lokalen Minima der Funktion bekannt ist, kann man den folgenden Weg zur Bestimmung des absoluten Minimums beschreiten.

Da die Kosten $K(n)$ für großes n, wie in (1.2) und (1.4) vorausgesetzt, nicht monoton fallen dürfen, wird im allgemeinen der Koeffizient b_h der höchsten Potenz von n in $K_{\varepsilon_2}(n)$ positiv sein. Sollte trotzdem in der Approximation $b_h < 0$ ausfallen, so kann man entweder die Funktionswerte $G(n)$ bis $n = n_3$ berechnen oder, da man im allgemeinen n_3 nicht kennt, durch Vergrößerung von n_4 zu einem Näherungspolynom mit $b_h > 0$ zu gelangen suchen. Unter der Voraussetzung $b_h > 0$ läßt sich ein Verfahren angeben, das die Anzahl der zu berechnenden Funktionswerte herabsetzen kann. Zur Darstellung dieser Methode wird angenommen, daß die Funktionswerte $G(n)$ für $n = 1, 2, \ldots, n_5$ berechnet wurden

$$\operatorname{Min} G(n) = G(n_{\min}), \qquad 1 \leqq n \leqq n_5, \tag{5.2}$$

wobei $n_{\min}$ das kleinste n ist, bei dem $G(n_{\min})$ angenommen wird. *Durch Abschätzung von $G(n)$ nach unten wird nun eine einfache Funktion konstruiert, die eine untere Schranke $\underline{G}(n)$ für $G(n)$ für alle $n \geqq n_5$ darstellt. Findet man dann ein $\hat{n}$ mit der Eigenschaft*

$$\underline{G}(n) > G(n_{\min}) \quad \text{für } n \geqq \hat{n}, \tag{5.3}$$

so hat man mit $\hat{n}$ eine obere Schranke für den gesuchten optimalen Stichprobenumfang gefunden, denn wegen $G(n) \geqq \underline{G}(n)$ für $n \geqq \hat{n}$ kann $G(n)$ selbst für $\hat{n} \leq n$ den Wert $G(n_{\min})$ nicht mehr unterschreiten.

Mit wachsendem n_5 kann $G(n_{\min})$ höchstens kleiner werden und, wie das Verfahren zeigen wird, die untere Schranke $\underline{G}(n)$ höchstens wachsen. Damit ist gesichert, daß die obere Schranke $\hat{n}$ höchstens kleiner wird, was für die praktische Rechnung angenehm ist.

Für die Abschätzung von $G(n)$ betrachtet man die letzten beiden Summanden und schätzt ab

$$(c_{g-1}/n^{g-1}) + (c_g/n^g) \geqq \underline{c}_{g-1}/n^{g-1} \qquad \text{für } n \geqq n_5 \tag{5.4}$$

mit

$$\underline{c}_{g-1} = \begin{cases} c_{g-1} & \text{falls } c_g \geqq 0, \\ c_{g-1} + (c_g/n_5) & \text{falls } c_g \leqq 0. \end{cases} \tag{5.5}$$

Beim nächsten Schritt zieht man den vorangehenden Summanden heran und erhält

$$(c_{g-2}/n^{g-2}) + (\underline{c}_{g-1}/n^{g-1}) \geqq \underline{c}_{g-2}/n^{g-2}, \tag{5.6}$$

wobei ganz analog

$$\underline{c}_{g-2} = \begin{cases} c_{g-1} & \text{falls } \underline{c}_{g-2} \geq 0\,, \\ c_{g-2} + (\underline{c}_{g-1}/n_5) & \text{falls } \underline{c}_{g-1} \leq 0 \end{cases} \tag{5.7}$$

gewählt wird. Faßt man $c_0 + d_0$ zu einer neuen Konstanten zusammen, so vollzieht sich bei Fortsetzung des Verfahrens der Übergang von den Koeffizienten c_v zu den Koeffizienten d_v nahtlos. Man gelangt schließlich zu

$$d_h\, n^h + \underline{d}_{h-1}\, n^{h-1} \geq \underline{d}_h\, n^h \tag{5.8}$$

mit

$$\underline{d}_h = \begin{cases} d_h & \text{falls } \underline{d}_{h-1} \geq 0\,, \\ d_h + \underline{d}(_{h-1}/n_5) & \text{falls } \underline{d}_{h-1} \leq 0 \end{cases} \tag{5.9}$$

und erhält durch sukzessive Abschätzung von $G(n)$ mittels (5.4) bis (5.9) als untere Schranke

$$G(n) \geq \underline{G}(n) = \underline{d}_h\, n^h\,. \tag{5.10}$$

Falls nun $\underline{d}_h > 0$, dann hat die aus (5.3) entstehende Gleichung

$$\underline{G}(s) = G(n_{\min}) \tag{5.11}$$

für $G(n_{\min}) > 0$ eine positive Lösung

$$\hat{s} = [G(n_{\min})/\underline{d}_h]^{1/h}\,. \tag{5.12}$$

Wenn $\hat{s} \leq n_5$ oder $G(n_{\min}) \leqq 0$, dann ist offensichtlich

$$n_{\min} = n_0\,. \tag{5.13}$$

Fällt dagegen $n_5 < \hat{s}$ aus oder ist schließlich $\underline{d}_h \leqq 0$, so ist das vorstehende Verfahren mit $n_5 + 1$ anstelle von n_5 zu wiederholen. Die Wurzel $\hat{s}$ gibt eine obere Schranke für den gesuchten optimalen Stichprobenumfang n_0. Liefert das Verfahren stets ein $\underline{d}_h \leqq 0$, so ist die Rechnung beim gegebenen n_4 abzubrechen, da wegen (4.12) $n_0 \leqq n_4$ sein muß. Dieser letzte Fall ist in den Anwendungen sehr unwahrscheinlich.

6. Gegebene Schranken für die Momente beim Näherungsproblem

Bis jetzt ist angenommen worden, daß die Momente $m_{2(x)}, \ldots, m_{g(x)}$ bekannt sind. Diese Voraussetzung wird jedoch in den Anwendungen nur in Ausnahmefällen erfüllt sein. In der Regel kennt man nur gewisse Schranken, zwischen denen die Momente mit Sicherheit liegen

$$\mathsf{P}(\underline{m}_{i(x)} \leq m_{i(x)} \leqq \overline{m}_{i(x)}) = 1\,; \qquad i = 2, \ldots, g\,. \tag{6.1}$$

Zur Abkürzung werde $m = (m_{2(x)}, \ldots, m_{g(x)})$ gesetzt. Für jeden Punkt des durch (6.1) eingeführten endlichen Bereiches

$$\mathfrak{B} : (\underline{m} \leq m \leq \overline{m}) \tag{6.2}$$

gibt es nach Voraussetzung einen optimalen Stichprobenumfang $n_0(m)$. Gelingt es nun, für die Menge

$$\mathfrak{N} : \big(n_0(m)\,;\, m \in \mathfrak{B}\big) \tag{6.3}$$

Schranken zu finden

$$\operatorname*{Max}_{\mathfrak{B}} n_0(m) = \overline{n}_0 \tag{6.4}$$

und

$$\operatorname*{Min}_{\mathfrak{B}} n_0(m) = \underline{n}_0 \,, \tag{6.5}$$

so hat man für den optimalen Stichprobenumfang n_0 die Aussage

$$\mathsf{P}\,(\underline{n}_0 \leqq n_0 \leqq \overline{n}_0) = 1 \,. \tag{6.6}$$

Die Existenz einer unteren Schranke ist wegen $n \geqq 1$ trivial. Vom Vorhandensein einer oberen Schranke überzeugt man sich durch die folgenden Überlegungen: Während die Kostenfunktion $K_{\varepsilon_2}(n)$ unabhängig von den Momenten ist, sind die Koeffizienten c_v von $\mathsf{E}R(n)$ Polynome in den Momenten. Daher existieren in $\mathfrak{B}$ endliche obere Schranken $\bar{c}_v$ für die Beträge $|c_v|$, mit denen man $\mathsf{E}R(n)$ betragsmäßig abschätzen kann

$$|\,\mathsf{E}R(n)| = \left|\sum_{v=0}^{g} (c_v/n^v)\right| \leqq \bar{c}_0 + \sum_{v=1}^{g} (\bar{c}_v/n^v) \tag{6.7}$$

und damit gilt

$$\overline{\lim_{n\to\infty}}\,|\,\mathsf{E}R(n)| \leqq \bar{c}_0 < \infty \tag{6.8}$$

gleichmäßig für alle $m \in \mathfrak{B}$.

Andererseits ist auch $G(1)$ ein Polynom in den Momenten und hat demzufolge eine endliche obere Schranke $\overline{G}(1)$ in $\mathfrak{B}$.

Nach (6.8) existiert ein n_6 und ein $c > 0$, so daß für alle $n \geqq n_6$

$$|\,\mathsf{E}R(n)| \leqq \bar{c}_0 + c \tag{6.9}$$

gleichmäßig für alle $m \in \mathfrak{B}$ ist. Weiterhin findet man wegen (1.2) und (1.3) ein $n_7 \geqq n_6$, von dem ab

$$K(n) > \overline{G}(1) + \bar{c}_0 + c \tag{6.10}$$

ausfällt. Damit erhält man für alle $n \geqq n_7$

$$G(n) = K(n) + \mathsf{E}R(n) \geqq K(n) - \bar{c}_0 - c > \overline{G}(1) \geqq G(1) \geqq G(n_0)\,. \tag{6.11}$$

gleichmäßig in $\mathfrak{B}$. Damit ist gezeigt, daß n_7 eine obere Schranke für die Menge $\mathfrak{N}$ darstellt. Es gilt also mindestens

$$\mathsf{P}\,(1 \leqq n_0 \leqq n_7) = 1 \tag{6.12}$$

Es muß die Aufgabe der weiteren Untersuchungen sein, diese äußerst groben Schranken so weit wie nur möglich zu verfeinern.

7. Natürliche Schranken für die Momente

Zur Einschränkung des Bereiches kann man benutzen, daß die Koordinaten der Punkte $m \in \mathfrak{B}$ die entsprechenden Momente einer Verteilung sein müssen. Die sich daraus ergebenden bekannten Bedingungen sollen als *natürliche Schranken* für die Momente bezeichnet werden.

Wegen $\mathsf{P}(0 \leqq X \leqq 1) = 1$ gilt trivialerweise

$$0 \leq |m_p| = |\int (x-\mu)^p \, dF| \leqq \int |x-\mu|^p \, dF \leqq 1 \,. \tag{7.1}$$

Weiterhin folgt daraus

$$m_{2p} = \int (x-\mu)^{2p} \, dF \geqq \int (x-\mu)^{2p+2} \, dF = m_{2p+2} \tag{7.2}$$

sowie

$$|m_{2p+1}| = |\int (x-\mu)^{2p+1} \, dF| \leqq \int |x-\mu|^{2p+1} \, dF \leqq \int |x-\mu|^{2p} \, dF = m_{2p} \,. \tag{7.3}$$

Schwieriger auszunutzen sind die Eigenschaften, die sich aus dem Momentenproblem ergeben. Da der Satz von HAUSDORFF nicht unmittelbar auf die zentralen Momente anwendbar ist, betrachtet man die Zufallsgröße $X - \mu$ im Intervall $(-\infty, \infty)$, deren Momente nach dem Satz von HAMBURGER den Ungleichungen

$$H_{2l}^{(k)} \geqq 0 \tag{7.4}$$

genügen müssen, wobei

$$H_{2l}^{(k)} = \begin{vmatrix} m_{2l} & \dots & m_{2l+k} \\ \vdots & & \vdots \\ m_{2l+k} & \dots & m_{2l+2k} \end{vmatrix} \tag{7.5}$$

für alle $l, k = 0, 1, \dots$ mit $0 \leqq 2\,l \leqq g$, $2\,l + 2\,k \leqq g$ HANKELsche Determinanten der Momente sind. Offensichtlich ist im vorliegenden Fall $m_0 = 1$ und $m_1 = 0$.

8. Formulierung des Näherungsproblems

Zur Diskussion der Lösungsmöglichkeiten soll das in den Abschnitten 5 bis 7 entwickelte Näherungsproblem noch einmal formuliert werden.

Gegeben ist die Funktion

$$G(n; m) = \sum_{v=0}^{h} b_v \, n^v + \sum_{v=0}^{g} \left(c_v(m)/n^v\right) \tag{8.1}$$

mit $m = (m_{2(x)}, \dots, m_{g(x)})$, *wobei die* $c_v(m)$ *Polynome in den Koordinaten von* m *sind. Bei festen Werten dieser Momente sei* $n_0(m)$ *das kleinste* $n_0 \geqq 1$ *mit der Eigenschaft*

$$G(n_0; m) = \operatorname*{Min}_{1 \leqq n} G(n; m) \,. \tag{8.2}$$

Gesucht ist

$$\operatorname*{Max}_{\mathfrak{Z}} n_0(m) = \overline{n}_0 \tag{8.3}$$

und

$$\operatorname*{Min}_{\mathfrak{Z}} n_0(m) = \underline{n}_0 \,, \tag{8.4}$$

wobei der Bereich

$$\mathfrak{Z} = \mathfrak{B} \cap \mathfrak{C} \cap \mathfrak{M} \tag{8.5}$$

bestimmt ist durch die Bereiche

$$\mathfrak{B} : \underline{m} \leqq m \leqq \overline{m} \tag{8.6}$$

mit vorgegebenen $\underline{m}$ *und* $\overline{m}$,

$$\left.\begin{array}{lll} \mathfrak{C}: & 0 \leqq |m_{i(x)}| \leqq 1\,; & i = 2, \ldots, g\,, \\ & m_{2j(x)} \geqq m_{2j+2(x)}; & 2 \leqq 2j < 2j+2 \leqq g\,, \\ & m_{2j(x)} \geqq |m_{2j+1(x)}| & 2 \leqq 2j < 2j+1 \leqq g \end{array}\right\} \tag{8.7}$$

und

$$\mathfrak{M} : \begin{vmatrix} m_{2j(x)} & \ldots, m_{2j+k(x)} \\ \vdots & \\ m_{2j+k(x)} & \ldots, m_{2j+2k(x)} \end{vmatrix} \geqq 0 \tag{8.8}$$

für alle $j, k = 0, 1, \ldots$ *mit* $0 \leqq 2j \leqq g$; $2j + 2k \leqq g$ *und* $m_0 = 1$, $m_1 = 0$.

Der Bereich $\mathfrak{M}$ ist konvex [2], da die Momente lineare Funktionale der Verteilungsfunktionen sind. Seien $H_1(x)$ und $H_2(x)$ zwei solche Funktionen, so ist auch $\lambda H_1(x) + (1 - \lambda) H_2(x)$ mit $0 \leqq \lambda \leqq 1$ Verteilungsfunktion. Bezeichnet man mit m_{l1} und m_{l2} die entsprechenden Momente von H_1 und H_2, so ist $\lambda m_{l1} + (1 - \lambda) m_{l2}$ ein Moment der konvexen Linearkombination von H_1 und H_2. Auch der Bereich $\mathfrak{C}$ ist eine konvexe Menge, wie man leicht verifiziert. Da schließlich $\mathfrak{B}$ konvex ist, folgt, daß $\mathfrak{Z}$ als Durchschnitt konvexer Mengen selbst wieder konvex ist.

Da nach (6.12) die Funktion $n_0(m)$ nur endlich viele Werte annehmen kann, lautet das Problem: Zu bestimmen sind die absoluten Extrema einer auf gewissen endlich vielen Untermengen eines konvexen Bereiches jeweils konstanten Funktion. Diese Aufgabe ist mit den Verfahren der praktischen Analysis, die Differenzierbarkeit oder wenigstens Stetigkeit der Funktion voraussetzen, nicht zu lösen.

Zur Lösung dieses Problems ist das in [4] verwendete Rasterverfahren zwar immer gangbar, aber für Bereiche hoher Dimension oder großer Ausdehnung zu aufwendig. Daher wurden zwei andere numerische Verfahren entwickelt, die sich gegenwärtig in der numerischen Erprobung befinden. Über das Ergebnis dieser Untersuchungen wird in einer späteren Note berichtet werden.

9. Verallgemeinerung auf $R(\bar{x}, \mu)$

Als Verallgemeinerung des im Abschnitt 2 behandelten Spezialfalles soll auf die Voraussetzung verzichtet werden, daß die Verlustfunktion R nur von der Differenz zwischen der Schätzung und dem Erwartungswert abhängt. Zur Lösung des Problems

$$K(n) + \mathsf{E}\, R(\overline{X}, \mu) = \text{Min} \tag{9.1}$$

bedarf es noch einiger Angaben über die Zufallsgröße X. Wenn der Verteilungstyp von X gegeben ist, läßt sich wie im Spezialfall die Verteilung des Mittelwertes $\overline{X}$ durch fortgesetzte Faltung bis auf eine Anzahl von Parametern bestimmen. Sei z. B. X normalverteilt mit $\mathsf{E}\,X = \mu$ und $D^2 X = \sigma^2$, so ist $\overline{X}$

ebenfalls normalverteilt mit $\mathsf{E}\,\overline{X} = \mu$ und $D^2\,\overline{X} = \sigma^2/n$. Damit ergibt sich sofort

$$\mathsf{E}\,R(\overline{X}, \mu) = \int_{-\infty}^{\infty} R(\bar{x}, \mu)\, g(\bar{x})\, \mathrm{d}\bar{x} \tag{9.2}$$

mit $g(\bar{x})$ gleich der Dichte der Normalverteilung mit Erwartungswert μ und Streuung σ^2/n. Falls das Integral in (9.2) für jedes n existiert, erhält man unter den Bedingungen (1.2) bis (1.5) für jedes μ und σ^2 einen optimalen Stichprobenumfang $n_0(\mu, \sigma^2)$. Kennt man darüber hinaus noch Intervalle $\underline{\mu} \leqq \mu \leqq \overline{\mu}$ und $\underline{\sigma}^2 \leqq \sigma^2 \leqq \overline{\sigma}^2$, in denen die Parameter mit Sicherheit liegen, so kann man ein Intervall $\underline{n}_0 \leqq n_0 \leqq \overline{n}_0$ angeben, in dem der optimale Stichprobenumfang mit Sicherheit liegt.

Wenn der Verteilungstyp nicht gegeben ist, man jedoch einen großen optimalen Stichprobenumfang n_0 erwartet, kann man offensichtlich auch im vorliegenden Fall die Aussage des zentralen Grenzwertsatzes verwenden.

Im Fall, daß die Zufallsgröße X auch nicht annähernd normalverteilt ist und der erwartete Stichprobenumfang die zur Anwendung des zentralen Grenzwertsatzes nötige Größe nicht erreicht, lassen sich die Überlegungen des Abschnitts 4 modifizieren. Die Voraussetzung 1

$$\mathsf{P}\,(0 \leqq X \leqq 1) = 1 \tag{9.3}$$

wird beibehalten, die zweite Voraussetzung muß durch die folgende ersetzt werden.

3. Die Verlustfunktion $R(\bar{x}, \mu)$ läßt sich im Bereich $0 \leqq \bar{x} \leqq 1$; $\underline{\mu} \leqq \mu \leqq \overline{\mu}$ durch zweidimensionale Polynome $R_{\varepsilon_3}(\bar{x}, \mu)$ im Sinne von

$$\left| \int_0^1 (R - R_{\varepsilon_3})\, \mathrm{d}F_{\overline{X}} \right| < \varepsilon_3; \qquad \varepsilon_3 > 0 \tag{9.4}$$

in μ gleichmäßig beliebig genau approximieren. Im Polynom

$$R_{\varepsilon_3}(\bar{x}; \mu) = \sum_{v=0}^{g} a_v(\mu)\, \bar{x}^v \tag{9.5}$$

sind die Koeffizienten $a_v(\mu)$ Polynome des Erwartungswertes μ. Die Bildung des Erwartungswertes von (9.5) führt nun mit

$$\mathsf{E}\, R_{\varepsilon_3}(\overline{X}, \mu) = \sum_{v=0}^{g} a_v(\mu)\, \mathsf{E}\, \overline{X}^v \tag{9.6}$$

auf die Momente

$$\mathsf{E}\, \overline{X}^v = \mu_{v(\bar{x})} = \int_0^1 \bar{x}^v\, \mathrm{d}F_{\overline{X}}(\bar{x}), \tag{9.7}$$

die wegen der Endlichkeit des Intervalls existieren.

Analog zu (4.9) gilt jetzt

$$\overline{X^k} = (\sum_{\varkappa=1}^{n} X_\varkappa)^k / n^k = (k!/n^k) \sum \prod_{\varkappa=1}^{n} (X_\varkappa^{v_\varkappa}/v_\varkappa!)\,, \tag{9.8}$$

womit durch Bildung der Erwartungswerte Formeln für den Zusammenhang der Momente von $\bar{X}$ mit denen von X geliefert werden. Analog zu (4.18) erhält man eine Näherungsfunktion

$$G(n) = \sum_{v=0}^{h} b_v n^v + \sum_{v=0}^{g} (c_v/n^v) , \tag{9.9}$$

wobei

$$c_v = c_v(\mu, \mu_{2(x)}, \ldots, \mu_{g(x)}) ; \quad v = 0, \ldots, g$$

Polynome in den Momenten der Grundgesamtheit sind. Für das vorgeschlagene Lösungsverfahren ändert sich im Prinzip nichts. Die zentralen Momente $m_{i(x)}$ sind durch die Momente $\mu_{i(x)}$ zu ersetzen ($\mu = \mu_{1(x)}$), so daß der Bereich $\mathfrak{B}$ die Gestalt erhält

$$\mathfrak{B}' : (\underline{\mu}_{i(x)} \leqq \mu_{i(x)} \leqq \bar{\mu}_{i(x)}; \quad i = 1, \ldots, g) . \tag{9.10}$$

Bei den natürlichen Schranken wird der Bereich $\mathfrak{C}$ durch den Bereich

$$\mathfrak{C}' : (1 \geqq \mu_{j(x)} \geqq \mu_{j+1(x)} \geqq 0, \quad j = 1, \ldots, g - 1) \tag{9.11}$$

ersetzt, da

$$\mu_{j(x)} = \int_0^1 x^j \, \mathrm{d}F \geqq \int_0^1 x^{j+1} \, \mathrm{d}F = \mu_{j+1(x)}$$

sein muß. Für $\mathfrak{M}$ erscheint nach dem Satz von HAUSDORFF der Bereich $\mathfrak{M}'$

$$\mathfrak{M}' : (-1)^r \Delta^r \mu_j \geqq 0 \quad \text{für} \quad j = 0, 1, \ldots, g , \quad r = 0, 1, \ldots, g - j , \tag{9.12}$$

wobei

$$\Delta^r \mu_j = \sum_{\varkappa=0}^{r} (-1)^\varkappa \binom{r}{\varkappa} \mu_{j+r-\varkappa} \tag{9.13}$$

und $\mu_0 = 1$ zu setzen ist.

Literatur

[1] SCHMETTERER, L.: Einführung in die mathematische Statistik, Springer-Verlag, Wien 1956.
[2] BECKENBACH, E. F. und BELLMANN, R.: Inequalities, Springer-Verlag, Berlin 1965.
[3] WALD, A.: Statistical Decision Functions, Wiley & Sons, London–New York 1964.
[4] BANDEMER, H.: Zur näherungsweisen Bestimmung des optimalen Stichprobenumfangs, Metrika (im Druck).
[5] BANDEMER, H.: Optimierung des Stichprobenumfangs bei gegebener Verlustfunktion, Freiberger Forschungshefte A **449** (im Druck).

Optimale Entscheidungsfunktionen für die Anordnung von zufälligen Variablen nach der Größe ihrer Parameter bei unbekannten Störparametern

Von HEINZ FOLTYS [1])

Es werden einstufige statistische Verfahren für die gleichzeitige Anordnung der Komponenten mehrerer Vektoren zufälliger Variabler nach der Größe reeller, unbekannter Parameter untersucht. Dabei wird zugelassen, daß unbekannte Störparameter auftreten. Mehrere Optimaleigenschaften der natürlichen, invarianten, randomisierten Entscheidungsfunktion, die nach der Größe der zur Entscheidung verwendeten Statistiken ordnet, werden bewiesen. Für verschiedenartige Indifferenzbereiche werden ungünstigste Parameterkonfigurationen bestimmt. Dabei werden auch bisher bewiesene Sätze für solche Probleme verallgemeinert, bei denen keine Störparameter auftreten.

1. Einleitung

Wir betrachten die Aufgabe, mit Hilfe von Realisierungen zufälliger Variabler über die Anordnung unbekannter reeller Parameter nach ihrer Größe zu entscheiden. Statistische Probleme dieser Art treten in der Praxis häufig auf. Im einfachsten Fall charakterisieren die Parameter Eigenschaften verschiedener Produktionsverfahren, Material- oder Pflanzensorten etc., und man sucht das Maximum bzw. Minimum dieser Zahlen — beispielsweise den größten Ertrag, den größten Erwartungswert oder die kleinste Varianz. In der Praxis werden solche Entscheidungen häufig mit Hilfe von Schätzungen gefällt, indem man einen Parameter mit größtem bzw. kleinstem Schätzwert auswählt. Wählt man bei auftretenden Gleichheiten jede der zugehörigen Entscheidungen nach einem Zufallsverfahren mit derselben Wahrscheinlichkeit, so hat diese „natürliche" Entscheidungsfunktion mehrere Optimaleigenschaften, wenn die entsprechenden Voraussetzungen erfüllt sind (vgl. [1], [2], [3] und die in diesen Arbeiten zitierte Literatur). Die Zuverlässigkeit solcher Entscheidungen darf man nicht überschätzen. Man kann sie mit Hilfsmitteln der Mathematischen Statistik beurteilen.

Eine solche Selektionsaufgabe ist Sonderfall des 1954 von R. E. BECHHOFER [4] zuerst formulierten allgemeinen Anordnungsproblems: Zerlege eine Menge von p unbekannten reellen Parametern mit Hilfe geeigneter Stichproben in a disjunkte nichtleere Teilmengen — die p_1 größten, ..., die p_a kleinsten, wobei $p_1 + p_2 + \cdots + p_a = p$. Solche Entscheidungen braucht man beim Vergleich

[1]) Fachrichtung Mathematik, Pädagogische Hochschule Potsdam, 15 Potsdam-Sanssouci.

verschiedener Methoden, Leistungen, Gewinne usw., wenn zusätzliche Nebenbedingungen auftreten, die man zum Zeitpunkt der statistischen Entscheidung noch nicht genau kennt; oder, wenn das Ergebnis der statistischen Untersuchungen an verschiedenen Stellen (Bertiebe, Kreise, Bezirke, ...) mit unterschiedlichen Nebenbedingungen benutzt werden soll. Die Verallgemeinerung der oben beschriebenen natürlichen Entscheidungsfunktion ist auch in solchen Fällen optimal, wenn bestimmte Voraussetzungen erfüllt sind (vgl. ebenfalls [1], [2], [3]). Die Lösung statistischer Probleme dieser Art kann zu eindeutigen ökonomischen (pädagogischen, technologischen, ...) Entscheidungen führen. Umgekehrt ist die Zuordnung nicht immer eindeutig. Man kann beispielsweise mit einer geordneten Auswahl der k_1 größten Parameter beginnen ($p_1 = \cdots = p_{k_1} = 1$, $a = k_1 + 1$). Stehen zu späteren Zeitpunkten weitere Daten zur Verfügung, so kann man die Entscheidung schrittweise verfeinern und außerdem ihre Zuverlässigkeit besser beurteilen. Eine einzelne Anordnungsentscheidung ist dabei nur Teilproblem in einem längeren stufenweise durchgeführten Verfahren.

Gleichzeitige Entscheidungen über die Komponenten von Vektoren

$$\Theta_i = (\Theta_{i1}, \ldots, \Theta_{im_i}), \quad i = 1, \ldots, k$$

interessieren bei k-fach klassifizierten Versuchsanlagen der Varianzanalyse. Dabei sind die Parameter Θ_{ij}, $(j = 1, \ldots, m_i)$ beispielsweise ökonomische Kennziffern gleicher Art unter verschiedenen Bedingungen. Wir betrachten in dieser Arbeit vorwiegend diesen Fall. Anordnungsentscheidungen dienen zur Lösung statistischer Probleme bei der Optimierung (vgl. [5], [6]). In der Praxis treten sie oft gemeinsam mit anderen statistischen Problemen auf, beispielsweise mit Schätzungen (vgl. [7], [8]). Auch in [9] werden zweistufige Probleme mit Schätzungen behandelt. Konkrete Ergebnisse sind nur für $m=2$ angegeben.

In den folgenden Abschnitten werden einstufige Verfahren untersucht. In Abschnitt 2 beschreiben wir die betrachteten Entscheidungsfunktionen, führen Bezeichnungen ein und außerdem diskutieren wir Invarianz- und Monotonieeigenschaften der Verlustfunktion und der Wahrscheinlichkeitsdichte der zur Entscheidung verwendeten Statistiken. In Abschnitt 3 werden mehrere Optimaleigenschaften der natürlichen Entscheidungsfunktion bewiesen. In Abschnitt 4 werden Sätze bewiesen, die später angewendet werden. Für die Praxis sind Tabellen nützlich, mit deren Hilfe man die Anzahl der Meßwerte derart bestimmen kann, daß die Wahrscheinlichkeit einer korrekten Entscheidung einen vorgegebenen Mindestwert P^* hat, wenn $(\Theta_{11}, \ldots, \Theta_{1m_1}, \ldots, \Theta_{k1}, \ldots, \Theta_{km_k})$ nicht in einem (ebenfalls vorgegebenen) Indifferenzbereich ω des Parameterraumes Ω liegt. Diese Bedingung kann man erfüllen, wenn man die ungünstigste Parameterkonfiguration kennt. In Abschnitt 5 bestimmen wir ungünstigste Parameterkonfigurationen für verschiedenartige Indifferenzbereiche. In Abschnitt 6 bestimmen wir ungünstigste Parameterkonfigurationen für einstufige Entscheidungsprobleme, bei denen Störparameter auftreten. Unter Verwendung der Ergebnisse aus den Abschnitten 5 und 6 kann man Tabellen der oben beschriebenen Art herstellen. Außerdem wird gezeigt, wie man bereits vorhandene Tabellen auch bei anderer Wahl des Indifferenzbereiches anwenden kann. An einigen Beispielen wird gezeigt, wie man vorhandene Tabellen anwenden kann, wenn Störparameter auftreten.

2. Annahmen, Bezeichnungen, Definitionen

Wir führen nun Symbole, Bezeichnungen und Abkürzungen ein, die in den nachstehenden Abschnitten benutzt werden. Dabei beschränken wir uns auf solche Bezeichnungen, die in der Standardliteratur nicht einheitlich gebraucht werden. Wir verwenden oft $|e|$ für die *Anzahl der Elemente von* e, wenn e eine endliche Menge ist; A_i, $i \in I$ für „A_i *gilt (sei, ...) für alle Elemente* i *der Menge* I" und $\mathfrak{B}^n$ für den σ-Körper aller Borelschen Mengen des n-dimensionalen euklidischen Raumes R^n. Ist A eine nichtleere Borel-Menge des R^n, so bezeichnet $\mathfrak{B}^n(A)$ einen σ-Körper in A, die *Einschränkung* von $\mathfrak{B}^n$ auf A. Ist $Z \subseteqq R^k$ mit Elementen $z = (z_1, \ldots, z_k)$, so sei $Z(\cdot) = \{z \in Z \mid z_1 \geqq z_2 \geqq \cdots \geqq z_k\}$. Ist $Z_i \subseteqq R^{m_i}$, $m_i > 1$ und

$$Z = \mathop{\times}_{i=1}^{k} Z_i\,, \text{ so sei } Z(\cdot) = \mathop{\times}_{i=1}^{k} Z_i(\cdot)\,.$$

Ist A eine Menge natürlicher Zahlen mit $|A| > 1$, so bezeichnet $r = (r_1, \ldots, r_{|A|})$ eine *Permutation* von A und $R(A)$ (oder kurz R) die *Menge aller Permutationen* von A. Gilt $(x_1, \ldots, x_n) \in X$ genau dann, wenn $(x_{r_1}, \ldots, x_{r_n}) \in X$, $r \in R(\{1, 2, \ldots, n\})$, so sagen wir, die Menge X ist *symmetrisch*.

Wir beschreiben nun die betrachteten multiplen Entscheidungsprobleme genauer. Dabei werden Annahmen genannt, deren Gültigkeit in den allgemeinen Untersuchungen dieser Arbeit vorausgesetzt wird, wenn nicht etwas anderes gesagt ist. Für jedes $i \in K = \{1, 2, \ldots, k\}$ seien $m_i > 1$, T_i und Ω_i symmetrische Borel-Mengen des R^{m_i}, $t_i = (t_{i1}, \ldots, t_{im_i})$ zufällige Variable mit Werten in T_i und $\Theta_i = (\Theta_{i1}, \ldots, \Theta_{im_i})$ Vektoren aus Ω_i. Für $(t_1, \ldots, t_k) = (t_{11}, \ldots, t_{1m_1}, \ldots, t_{k1}, \ldots, t_{km_k})$ schreiben wir kurz t und setzen analog $\Theta = (\Theta_1, \ldots, \Theta_k) = (\Theta_{11}, \ldots, \Theta_{1m_1}, \ldots, \Theta_{k1}, \ldots, \Theta_{km_k})$. Es seien $T = \mathop{\times}_{i \in K} T_i$, $\mathfrak{B}(T) = \mathop{\times}_{i \in K} \mathfrak{B}^{m_i}(T_i)$ und ein σ-endliches Maß auf $\mathfrak{B}(T)$. y bezeichnet eine zufällige Variable mit Wertevorrat Y. Es sei $\mathfrak{B}(Y)$ ein Borel-Körper über Y, v ein σ-endliches Maß auf $\mathfrak{B}(Y)$ und λ das Produktmaß $\mu \times v$ auf $\mathfrak{B} = \mathfrak{B}(T) \times \mathfrak{B}(Y)$. Wir setzen voraus, daß (t, y) eine Dichte $h(t, y, \Theta, \eta)$ bezüglich des σ-endlichen Maßes λ hat. Dabei ist $\Theta \in \Omega = \mathop{\times}_{i \in K} \Omega_i$. Mit Hilfe von (t, y) soll für jedes $i \in K$ gesondert aber für alle $i \in K$ gleichzeitig über die Anordnung der unbekannten Parameter $\Theta_{i1}, \ldots, \Theta_{im_i}$ nach ihrer Größe entschieden werden. η bezeichnet einen *Störparameter* aus einer Menge H. In konkreten Fällen ist η ein Vektor. Existiert eine geeignete, bezüglich (Θ, η) erschöpfende Statistik (t, y), so verwenden wir diese für die Entscheidung. Wir beschreiben die Entscheidungen mit Hilfe der zweiten Indizes der Θ_{ij}. Für jedes $i \in K$ wird die Menge $\{1, \ldots, m_i\}$ in disjunkte nichtleere Teilmengen $e_{i1}, \ldots, e_{iM_i}$ zerlegt, wobei $M_i > 1$. Der Zerlegung $e = \{e_{11}, \ldots, e_{1M_1}, \ldots, e_{k1}, \ldots, e_{kM_k}\}$ wird (als Standardinterpretation) die Entscheidung zugeordnet, daß für alle a, b gilt: wenn $a \in e_{ij}$ und $b \in e_{ij+1}$, so $\Theta_{ia} = \Theta_{ib}$, $j = 1, \ldots, M_i - 1$, $i \in K$. Wir bezeichnen diese Entscheidung ebenfalls mit e und $|e_{ij}|$ mit d_{ij}, $j = 1, \ldots, M_i - 1$, $i \in K$. Für feste d_{ij} sei $D = D(d_{11}, \ldots, d_{1M_1}, \ldots, d_{k1}, \ldots, d_{kM_k})$ die Menge aller Entscheidungen dieser Art über Θ und $D_i = D_i(d_{i1}, \ldots, d_{iM_i})$ die Menge aller

Teilentscheidungen e_i dieser Art über Θ_i. Offensichtlich gilt

$$|D_i| = \frac{m_i!}{d_{i1}!\, d_{i2}! \ldots d_{iM_i}!}\,, \qquad i \in K \tag{2.1}$$

und

$$|D| = \prod_{i \in K} |D_i|\,.$$

Die *Menge aller* (randomisierten) *Entscheidungsfunktionen* für das beschriebene Problem bezeichnen wir mit $\mathfrak{D}$. Für jedes $\varphi \in \vartheta$ gilt also

$$0 \leqq \varphi(e, t, y) \leqq 1\,, \quad e \in D\,, \quad t \in T\,, \quad y \in Y$$

und

$$\sum_{e \in D} \varphi(e, t, y) = 1\,, \quad t \in T\,, \quad y \in Y\,.$$

Für jedes $(\Theta, \eta) \in \Omega \times \mathrm{H}$ bezeichnet $V(e, \Theta, \eta)$ den *Verlust bei Entscheidung* e. Wir setzen voraus, daß V eine nichtnegative meßbare Funktion ist, für die das Risiko

$$R(\varphi, \Theta, \eta) = \int \sum_{e \in D} V(e, \Theta, \eta)\, h(t, y, \Theta, \eta)\, \varphi(e, t, y)\, \mathrm{d}\mu(t, y) \tag{2.2}$$

für alle $\varphi \in \mathfrak{D}$ und alle $(\Theta, \eta) \in \Omega \times \mathrm{H}$ endlich ist. Bei Anwendungen in der Praxis sind häufig nur Verlustfunktionen mit Invarianzeigenschaften sinn voll. Es ist dann oft angemessen, die Versuche so zu planen, daß die Wahrscheinlichkeitsverteilung von (t, y) entsprechende Invarianzeigenschaften hat, und es liegt nahe, zunächst invariante Entscheidungsfunktionen zu betrachten. Für jede Permutation $j = (j_1, \ldots, j_{m_i}) \in R(\{1, \ldots, m_i\})$, $t_{ia} = t'_{ij_a}$ und $\Theta_{ia} = \Theta'_{ij_a}$, $a = 1, \ldots, m_i$ seien

$$g_{ij}(t_{i1}, \ldots, t_{im_i}) = (t'_{i1}, \ldots, t'_{im_i})\,,$$

$$\bar{g}_{ij}(\Theta_{i1}, \ldots, \Theta_{im_i}) = (\Theta'_{i1}, \ldots, \Theta'_{im_i})\,,$$

$$g^*_{ij}\, e_{ia} = \{j_b \mid b \in e_{ia}\}\,,$$

und

$$g^*_{ij}\{e_{i1}, \ldots, e_{iM_i}\} = \{g^*_{ij}\, e_{i1}, \ldots, g^*_{ij}\, e_{iM_i}\}\,.$$

Ist $(r_1, \ldots, r_{m_i})$ die zu $(j_1, \ldots, j_{m_i})$ inverse Permutation, so kann man diese Transformation auch in der Form

$$g_{ij}(t_{i1}, \ldots, t_{im_i}) = (t_{ir_1}, \ldots, t_{ir_{m_i}}) \qquad \bar{g}_{ij}(\Theta_{i1}, \ldots, \Theta_{im_i}) = (\Theta_{ir_1}, \ldots, \Theta_{ir_{m_i}})$$

schreiben. Es seien

$$g_{ij}(t, y) = (t_1, \ldots, g_{ij}\, t_i, \ldots, t_k, y)\,,$$

$$\bar{g}_{ij}(\Theta, \eta) = (\Theta_1, \ldots, \bar{g}_{ij}\, \Theta_i, \ldots, \Theta_k, \eta)\,,$$

$$g^*_{ij}\, e = \{e_1, \ldots, g^*_{ij}\, e_i, \ldots, e_k\}\,.$$

Die durch g_{ij}, $\bar{g}_{ij}$ und g^*_{ij} vermittelten Abbildungen $T \times Y \to T \times Y$, $\Omega \times \mathrm{H} \to \to \Omega \times \mathrm{H}$ und $D \to D$ sind offensichtlich eindeutig. $G_i = \{g_{i1}, \ldots, g_{im_i!}\}$, $\bar{G}_i = \{\bar{g}_{i1}, \ldots, \bar{g}_{im_i!}\}$ und $G^*_i = (g_{i1}, \ldots, g_{im_i!}\}$ bilden bezüglich Nacheinanderausführung Gruppen. G bezeichnet das direkte Produkt von $G_1, \ldots, G_k$. Mit $\bar{G}$, G^* bezeichnen wir die direkten Produkte von $\bar{G}_1, \ldots, \bar{G}_k$ bzw. $G^*_1, \ldots, G^*_k$.

$g, \bar{g}, g^*$ bezeichnen allgemeine Elemente aus $G, \overline{G}$ bzw. G^*. Paare und Tripel $(g, \bar{g}, g^*)$ bilden wir im folgenden nur aus den gleichartig gebildeten Elementen der isomorphen Gruppen $G, \overline{G}, G^*$. Für jedes $(g, \bar{g}, g^*)$, jedes $(t, y) \in T \times Y$, jedes $(\Theta, \eta) \in \Omega \times \mathrm{H}$ und jedes $e \in D$ setzen wir voraus, daß

$$h(t, y, \Theta, \eta) = h(g\,t, y, \bar{g}\,\Theta, \eta)\,, \tag{2.3}$$

$$\mathrm{d}\lambda(t, y) = \mathrm{d}\lambda(g\,t, y) \tag{2.4}$$

und

$$V(e, \Theta, \eta) = V(g^*\,e, \bar{g}\,\Theta, \eta) \tag{2.5}$$

gelten. Eine Entscheidungsfunktion φ heißt *invariant*, wenn für jedes $e \in D$ und jedes (g, g^*) gilt

$$\varphi(g^{*-1}\,e, t, y) = \varphi(e, g\,t, y)\,.$$

Die Menge aller invarianten φ aus ϑ sei I.

Es sei Θ beliebig aber fest aus Ω. Für jedes $i \in K$ seien $O_a^i(\Theta)$ die Werte der nach ihrer Größe geordneten Θ_{ia}, $a = 1, \ldots, m_i$. Es gilt also

$$O_1^i(\Theta) \geqq O_2^i(\Theta) \geqq \cdots \geqq O_{m_i}^i(\Theta)\,. \tag{2.6}$$

Für $e_i \in D_i$ und jedes $j = 1, \ldots, M_i$ seien $O_1^{ij}(\Theta), \ldots, O_{d_{ij}}^{ij}(\Theta)$ die Werte der nach ihrer Größe geordneten Θ_{ia} mit $a \in e_{ij}$. Wir setzen

$$s_{ir} = \sum_{a=1}^{r} d_{ia}\,, \qquad r = 1, \ldots, M_i\,, \quad i \in K\,. \tag{2.7}$$

Die Teilentscheidung e_i ist bei Standardinterpretation genau dann korrekt für Θ, wenn für jedes j $(1 \leqq j \leqq M_i)$

$$O_a^{ij}(\Theta) = O_{s_{i,j-1}}^i(\Theta)\,, \qquad a \in e_{ij} \tag{2.8}$$

gilt. Offensichtlich gibt es für jedes Θ und jedes $i \in K$ wenigstens eine korrekte Teilentscheidung $e_i \in D_i$. Es sei $u_{ij}(\Theta)$ die Anzahl der a, für die $s_{i,j-1} < a \leqq s_{i,j}$ und $O_{s_{ij}+1}^i(\Theta) = O_a^i(\Theta)$ ist. $w_{ij}(\Theta)$ bezeichnet die Anzahl der a, für die $s_{ij} < a \leqq m_i$ und $O_{s_{ij}}^i(\Theta) = O_a^i(\Theta)$ ist. Die Anzahl aller für Θ korrekten Teilentscheidungen $e_i \in D_i$ ist damit

$$N_i(\Theta) = \prod_{j=1}^{M_i-1} \binom{u_{ij}(\Theta) + w_{ij}(\Theta)}{u_{ij}(\Theta)}. \tag{2.9}$$

Die Anzahl aller für Θ korrekten Entscheidungen $e \in D$ ist

$$N(\Theta) = \prod_{i \in K} N_i(\Theta)\,. \tag{2.10}$$

Ist $\bar{e}$ eine falsche Entscheidung über Θ, so kann man diese schrittweise verändern, indem man jeweils zwei Indizes a, b austauscht, für die $a \in \bar{e}_{ij}$ und $b \in \bar{e}_{ir}$ mit $j < r$ und $\Theta_{ia} < \Theta_{ib}$ oder $\Theta_{ia} = \Theta_{ib}$ ist. So kann man eine endliche Folge $e^1, e^2, \ldots, e^n$ konstruieren, die die folgenden Eigenschaften hat:

1. e^{i+1} ist besser als e^i (falls $\Theta_{ia} < \Theta_{ib}$) oder
   e^{i+1} ist wenigstens so gut wie e^i (falls $\Theta_{ia} = \Theta_{ib}$),
2. e^n ist korrekt für Θ.

Gibt es für Θ mehrere korrekte Entscheidungen, so kann man das letzte Element der Folge noch vorgeben. Es seien

$$K_i = \{1, \ldots, M_i - 1\}, \quad i \in K,$$

$$J(e_i) = \{\langle a, b\rangle \mid \exists\, j \in K_i : a \in e_{ij} \wedge b \in e_{i,j+1}\}, \quad e_i \in D_i, \quad i \in K \tag{2.11}$$

und

$$\Omega(e_i) = \{\Theta \in \Omega \mid \Theta_{ia} > \Theta_{ib}, \langle a, b\rangle \in J(e_i)\}, \quad e_i \in D_i, \quad i \in K. \tag{2.12}$$

$\Omega(e_i)$ ist die Teilmenge derjenigen $\Theta \in \Omega$, für die nur $e_i \in D_i$ korrekt ist. Jedem $e \in D$ ordnen wir die Menge

$$\Omega(e) = \bigcap_{i \in K} \Omega(e_i) \tag{2.13}$$

zu. Für $i \in K$, $a, b \in \{1, \ldots, m_i\}$ seien

$$(a, b)_i\, \Theta_i = (a, b)_i\, (\ldots, \Theta_{ia}, \ldots, \Theta_{ib}, \ldots) = (\ldots, \Theta_{ib}, \ldots, \Theta_{ia}, \ldots,) \tag{2.14}$$

und

$$\left.\begin{aligned} (a, b)_i\, \Theta &= \big(\Theta_1, \ldots, (a, b)_i\, \Theta_i, \ldots, \Theta_k\big), \\ (a, b)_i\, t &= \big(t_1, \ldots, (a, b)_i\, t_i, \ldots, t_k\big). \end{aligned}\right\} \tag{2.15}$$

Den Austausch von a und b in der Teilentscheidung e_i bezeichnen $(a, b)_i\, e_i$ und $(a, b)_i\, e = \{e_1, \ldots, (a, b)_i\, e_i, \ldots, e_k\}$. Es sei e ein festes Element aus D. Für $\Theta \in \Omega(e)$ ist e besser als jede andere Entscheidung $\bar{e} \in D$. Für jedes $\bar{e} \neq e$ gibt es verschiedene Folgen der oben beschriebenen Art mit $e^1 = \bar{e}$ und $e^n = e$. Es sei $\bar{e} = \{\bar{e}_1, \ldots, \bar{e}_k\} \neq e$ eine Entscheidung aus D. Es seien $e_i = \{e_{i1}, \ldots, e_{iM_i}\}$, $\overset{x}{e_i} = \{\overset{x}{e}_{i1}, \ldots, \overset{x}{e}_{iM_i}\}$, $G_0 = \{j \mid e_{ij} \neq \overset{x}{e}_{ij}\}$, $r = \min_{j \in G_0} j$, $H = \{s \mid s > r \wedge (e_{ir} - \overset{x}{e}_{ir}) \cap \overset{x}{e}_{is} \neq \emptyset\}$, $c = \min_{s \in H} s$ und a_{ix} das kleinste Element aus $(e_{ir} - \overset{x}{e}_{ir}) \cap \overset{x}{e}_{ic}$. b_{ix} sei das kleinste Element aus $\overset{x}{e}_{i,c-1}$ mit den Eigenschaften $b_{ix} \notin e_{ir}$ und $b_{ix} \in e_{iu}$ für ein $u < r$. Wir betrachten nun die Folge

$$e^1 = \bar{e}, \qquad e^{x+1} = (a_{1x}, b_{1x})_1\, e^x.$$

Offensichtlich erhält man nach einer endlichen Anzahl $n_1 = n(\bar{e}_1)$ von Schritten $e^{n_1} = \{e_1, \bar{e}_2, \ldots, \bar{e}_k\}$. Für $\bar{e}_1 = e_1$ ist $n(\bar{e}_1) = 1$. Ist $\bar{e}_2 \neq e_2$, so sei

$$e^{n_1+1} = (a_{21}, b_{21})_2\, e^{n_1}, \qquad e^{n_1+x+1} = (a_{2x}, b_{2x})_2\, e^{n_1+x}.$$

Nach einer endlichen Anzahl von Vertauschungen erhält man $e^{n_2} = \{e_1, e_2, \bar{e}_3, \ldots, \bar{e}_k\}$. Fährt man so fort, so erhält man eine endliche Folge

$$e^1, e^2, \ldots, e^{n(\bar{e})} \tag{2.16}$$

mit $e^{n(\bar{e})} = e$. Für jedes x ist e^{x+1} nicht schlechter als e^x für jedes $\Theta \in \Omega(e)$. Dieser Beurteilung der Entscheidungen e^{x+1}, e^x entspricht die folgende Voraussetzung über die Verlustfunktion.

Annahme 1: *Wenn für ein $i \in K$ gilt, $1 \leq r < s \leq M_i$, $a \in e_{ir}$, $b \in e_{is}$ und $\Theta_{ia} \geqq \Theta_{ib}$, so ist*

$$V(e, \Theta, \eta) \leq V\big((a, b)_i\, e, \Theta, \eta\big). \tag{2.17}$$

Diese Eigenschaft haben alle invarianten Verlustfunktionen, die bei praktischen Anwendungen annehmbar sind. Insbesondere kann man $V(e, \Theta, \eta)$ so wählen, daß eine Teilmenge von $\Omega \times \mathsf{H}$ Indifferenzbereich wird. Optimaleigenschaften der natürlichen Entscheidungsfunktion sind nur zu erwarten, wenn die Verteilung von t eine Monotonieeigenschaft hat, nach der großen Werten von Θ_{ij} eine hohe Wahrscheinlichkeit für große Werte von t_{ij} entspricht. In [10] findet man allgemeine Vergleiche geordneter Mengen von Wahrscheinlichkeitsverteilungen. Eine spezielle „rankability condition" wird in [11] angegeben. Bei ähnlichen Entscheidungsproblemen wird häufig vorausgesetzt, daß die Dichten $f_i(t_{ij}, \Theta_{ij}, \eta)$ der verwendeten Statistiken t_{ij} monotone Likelihood-Quotienten haben, d. h. für jedes $\eta \in \mathsf{H}$, jedes $i \in K$ und $1 = a$, $b = m_i$ folgt aus $t_{ia} \geqq t_{ib}$ und $\Theta_{ia} \geqq \Theta_{ib}$

$$f_i(t_{ia}, \Theta_{ia}, \eta) f_i(t_{ib}, \Theta_{ib}, \eta) \geqq f_i(t_{ia}, \Theta_{ib}, \eta) f_i(t_{ib}, \Theta_{ia}, \eta) . \tag{2.18}$$

Wir verwenden oft die folgende Voraussetzung.

Annahme 2: *Für jedes $(t, y) \in T \times Y$, jedes $(\Theta, \eta) \in \Omega \times \mathsf{H}$, jedes $i \in K$ und beliebige a, b mit $a \neq b$, $1 \leqq a$, $b \leqq m_i$ gilt, wenn $t_{ia} \geqq t_{ib}$ und' $\Theta_{ia} \geqq \Theta_{ib}$, so*

$$h(t, y, \Theta, \eta) \geqq h\big(t, y, (a, b)_i\, \Theta, \eta\big) . \tag{2.19}$$

Diese Eigenschaft haben P. J. Huber [12] und M. L. Eaton [2] für $k = 1$ untersucht. Hat h die Form

$$h(t, y, \Theta, \eta) = \prod_{i \in K} \prod_{j \in K_i} f_i(t_{ij}, \Theta_{ij}, \eta) , \tag{2.20}$$

so hat h die Monotonieeigenschaft (2.19) genau dann, wenn die t_{ij} monotone Likelihood-Quotienten haben. Das folgt unmittelbar aus (2.18), (2.19) und (2.20). Bei zahlreichen Entscheidungsproblemen hat die Dichte von t nicht die Form (2.20).

3. Optimaleigenschaften der natürlichen Entscheidungsfunktion

Jedes $e \in D$ kann man auch als Entscheidung über die Elemente von T deuten und die Schritte von (2.6) bis (2.10) aus Abschnitt 2 übertragen. Für jedes $t \in T$ gibt es dann eine nichtleere Menge $Q(t) \subseteqq D$, deren Elemente für t korrekt sind. Ersetzt man Θ durch t, so kann man die Anzahl der Elemente von $Q(t)$ nach (2.10) bestimmen. Wir nennen

$$\psi(e, t, y) = \begin{cases} \dfrac{1}{|Q(t)|}, & \text{wenn} \quad e \in Q(t) , \\ 0 & \text{sonst} \end{cases} \tag{3.1}$$

im folgenden die *natürliche Entscheidungsfunktion*. ψ ordnet die Θ_{ij} unabhängig von y nach der Größe der Beobachtungen t_{ij}. Wenn $|Q(t)| > 1$, wird jedes $e \in Q(t)$ mit gleicher Wahrscheinlichkeit gewählt. Wir setzen

$$T(e_i) = \{t \in T \mid t_{ia} \geqq t_{ib} , \quad \langle a, b\rangle \in J(e_i)\} \tag{3.2}$$

für jedes $e_i \in D_i$ und

$$T(e) = \bigcap_{i \in K} T(e_i) . \tag{3.3}$$

e_i ist genau dann eine korrekte Teilentscheidung über t, wenn $t \in T(e_i)$. Es gilt also $Q(t) = \{e \in D \mid t \in T(e)\}$. Mit $Q_i(t) = \{e_i \in D_i \mid t \in T(e_i)\}$ erhält man $|Q(t)| = \prod_{i \in K} |Q_i(t)|$. Für jedes $g_{ij} \in G_i$ gilt $|Q_i(t)| = |Q_i(g_{ij}^{-1} t)|$ und es ist $g_{ij}^* e_i \in Q_i(t)$ genau dann, wenn $t_{ij_a} \geqq t_{ij_b}$, $\langle a, b\rangle \in J(e_i)$. Außerdem ist $Q(g_{ij}^{-1}(t)) = \{e_i \in D_i | g_{ij}^{-1} t \in T(e_i)\} = \{e_i \in D_i | t_{ij_a} \geqq t_{ij_b}, \langle a, b\rangle \in J(e_i)\}$. Es gilt folglich $g_{ij}^* e_i \in Q_i(t)$ genau dann, wenn $e_i \in Q(g_{ij}^{-1} t)$. $\psi(e\, t, y)$ *ist also invariant bezüglich* (G, G^*).

Es sei $\mathfrak{C} \subseteqq \mathfrak{D}$, beispielsweise $\mathfrak{C} = I$. Die Elemente $\varphi \subseteqq C$ kann man in verschiedener Weise vergleichen und Entscheidungskriterien einführen. Beispiele hierfür sind:

1. Minimax-Prinzip:
   $\varphi \precsim \varphi'$ *genau dann, wenn* $\sup_{\Theta \in \Omega} R(\varphi', \Theta, \eta) \leqq \sup_{\Theta \in \Omega} R(\varphi, \Theta, \eta)$ *für jedes* $\eta \in \mathrm{H}$.
2. Minimax-Regret-Prinzip:
   $\varphi \precsim \varphi'$ *genau dann, wenn* $\sup_{\Theta \in \Omega} [R(\varphi', \Theta, \eta) - \min_{e \in D} V(e, \Theta, \eta)]$
   $\leqq \sup_{\Theta \in \Omega} [R(\varphi, \Theta, \eta) - \min_{e \in D} V(e, \Theta, \eta)]$ für alle $\eta \in \mathrm{H}$.
3. Risiko für ein festes $\Theta \in \Omega$:
   $\varphi \precsim \varphi'$ *genau dann, wenn* $R(\varphi', \bar{\Theta}, \eta) \leqq R(\varphi, \bar{\Theta}, \eta)$ *für jedes* $\eta \in \mathrm{H}$.
4. Bayes-Prinzip:
   Für ein bekanntes Wahrscheinlichkeitsmaß $B(\Theta, \eta)$ (vgl. Satz 3.3) *heißt* $\varphi(\varphi, B) = \int_{\Omega \times \mathrm{H}} R(\varphi, \Theta, \eta)\, \mathrm{d}B(\Theta, \eta)$ Bayes*sches Risiko bezüglich* B. $\varphi \precsim \varphi'$ *genau dann, wenn* $\varrho(\varphi', B) \leqq \varrho(\varphi, B)$.

Wir verwenden die Begriffe nach [13], [14], [1] (vgl. auch [15], [16], [17], [18], [19], [20], [21]).

Ist $\varphi^0 \in \mathfrak{C}$ und gilt für alle $\varphi \in \mathfrak{C}$ und alle $(\Theta, \eta) \in \Omega \times \mathrm{H}$: $R(\varphi^0, \Theta, \eta) \leqq R(\varphi, \Theta, \eta)$, so heißt φ^0 bezüglich $\mathfrak{C}$ gleichmäßig beste Entscheidungsfunktion.

ψ ist in der Praxis häufig vorzuziehen, denn sie hat mehrere Optimaleigenschaften. In den Beweisen der folgenden Sätze verwenden wir einige Hilfssätze, die man z. B. in [1] findet. φ_g bezeichnet die durch $\varphi_g(t) = \varphi(g\, t)$ definierte Entscheidungsfunktion.

Satz 3.1: *Sind die in Abschnitt* 2 *genannten Voraussetzungen und die Annahmen* 1 *und* 2 *erfüllt, so ist* ψ *gleichmäßig beste invariante Entscheidungsfunktion.*

Satz 3.2: *Die in Abschnitt* 2 *genannten Voraussetzungen und die Annahmen* 1 *und* 2 *seien erfüllt. Weiter gelten die Voraussetzungen*

a) *Ist* $\varphi \precsim \varphi'$, *so gilt für alle* (g, g^*).

$$g^* \varphi\, g^{-1} \precsim g^* \varphi'\, g^{-1}\,.$$

b) *Ist* $\varphi \precsim \varphi^{(i)}$ *für* $i = 1, \ldots, r$, *so gilt* $\varphi \precsim \frac{1}{r} \sum_{i=1}^{r} \varphi^{(i)}$.

c) *Wenn* $R(\varphi', \Theta, \varphi) \leqq R(\varphi, \Theta, \eta)$ *für jedes* $\Theta \in \Omega$ *gilt, so ist* $\varphi \precsim \varphi'$.

Dann ist für alle $\varphi \in \mathfrak{D}$

$$\varphi \precsim \psi\,.$$

(a, b und c gelten für die Entscheidungskriterien 1, 2 und 3).

Beweis von Satz 1: A) Wir betrachten das durchschnittliche Risiko

$$r(\varphi, \Theta, \eta) = \frac{1}{\prod_{i \in K} (m_i!)} (m\, i!) \sum_{\bar{g} \in \bar{G}} R(\varphi, \bar{g}\,\Theta, \eta)\,.$$

Da über alle $\bar{g} \in G$ summiert wird, kann man o. B. d. A. $\Theta \in \Omega(\cdot)$ voraussetzen. Es ist

$$\begin{aligned} m_1!\, m_2! \ldots m_k!\, r(\varphi, \Theta, \eta) &= \\ &= \sum_{\bar{g} \in \bar{G}} \int_{T \times Y} \sum_{e \in D} V(e, \bar{g}\,\Theta, \eta)\, h(t, y, \bar{g}\,\Theta, \eta)\, \varphi(e, t, y)\, \mathrm{d}\lambda(t, y) \\ &= \sum_{e \in D} \int_{T \times Y} \sum_{\bar{g} \in \bar{G}} V(e, \bar{g}\,\Theta, \eta)\, h(t, y, \bar{g}\,\Theta, \eta)\, \varphi(e, t, y)\, \mathrm{d}\lambda(t, y) \\ &= \sum_{e \in D} \int_{T + Y} A(e)\, \varphi(e, t, y)\, \mathrm{d}\lambda(t, y) \end{aligned}$$

mit

$$A(e) = \sum_{\bar{g} \in \bar{G}} V(e, \bar{g}\,\Theta, \eta) \cdot h(t, y, \bar{g}\,\Theta, \eta)\,.$$

B) Wir beweisen zunächst:

Es seien $e, e', e'' \in D$, $\alpha \in e_{ia}$, $\beta \in e_{ib}$ für ein Paar $a < b$ $(1 \leqq a, b \leqq M_i)$, $\alpha \in e'_{iz}$, $\beta \in e'_{i,z+1}$, $\alpha \in e''_{i,z+1}$, $\beta \in e''_{iz}$ für ein $z \in K_i$ und $(\alpha, \beta)_i\, e'' = e'$. Für jedes $t \in T(e)$ gilt $A(e'') \geqq A(e')$.

Es ist $A(e'') - A(e')$

$$\begin{aligned} &= \sum_{\bar{g} \in \bar{G}} [V(e'', \bar{g}\,\Theta, \eta) - V(e', \bar{g}\,\Theta, \eta)]\, h(t, y, \bar{g}\,\Theta, \eta) \\ &= \sum_{\substack{(r_{11}, \ldots, r_{1m_1}) \in R_1 \\ \cdots\cdots\cdots \\ (r_{r1}, \ldots, r_{km_k}) \in R_k}} [V(e'', \Theta_{1r_{11}}, \ldots, \Theta_{1r_{1m_1}}, \ldots, \Theta_{kr_{k,1}}, \ldots, \Theta_{kr_{k,m_k}}, \eta) \\ &\qquad - V(e', \Theta_{1r_{11}}, \ldots, \Theta_{1r_{1m_1}}, \ldots, \Theta_{kr_{k1}}, \ldots, \Theta_{kr_{km_k}}, \eta)] \\ &\qquad \times h(t, y, \Theta_{1r_{11}}, \ldots, \Theta_{1r_{1m_1}}, \ldots, \Theta_{kr_{k1}}, \ldots, \Theta_{kr_{km_k}}, \eta)\,, \end{aligned}$$

Für jedes $\bar{g} \in \bar{G}$ mit $r_{i\alpha} < r_{i\beta}$ betrachten wir die zwei Summanden

$$\begin{aligned} &[V(e'', \ldots, \Theta_{ir_{i\alpha}}, \ldots, \Theta_{ir_{i\beta}}, \ldots, \eta) - V(e', \ldots, \Theta_{ir_{i\alpha}}, \ldots, \Theta_{ir_{i\beta}}, \ldots, \eta)] \\ &\qquad \times h(t, y, \ldots, \Theta_{ir_{i\alpha}}, \ldots, \Theta_{ir_{i\beta}}, \ldots, \eta) \\ &\quad + [V(e'', \ldots, \Theta_{ir_{i\beta}}, \ldots, \Theta_{ir_{i\alpha}}, \ldots, \eta) - V(e', \ldots, \Theta_{ir_{i\beta}}, \ldots, \Theta_{ir_{i\alpha}}, \ldots, \eta)] \\ &\qquad \times h((t, y, \ldots, \Theta_{ir_{i\beta}}, \ldots, \Theta_{ir_{i\alpha}}, \ldots, \eta) \\ &\quad = [V(e'', \ldots, \Theta_{ir_{i\alpha}}, \ldots, \Theta_{ir_{i\beta}}, \ldots, \eta) - V(e', \ldots, \Theta_{ir_{i\alpha}}, \ldots, \Theta_{ir_{i\beta}}, \ldots, \eta)] \\ &\qquad \times [h(t, y, \ldots, \Theta_{ir_{i\alpha}}, \ldots, \Theta_{ir_{i\beta}}, \ldots, \eta) - h(t, y, \ldots, \Theta_{ir_{i\beta}}, \ldots, \Theta_{ir_{i\alpha}}, \ldots, \eta)\,. \end{aligned}$$

Der erste Faktor ist nach Annahme 1 nicht negativ. Der zweite Faktor ist nach Annahme 2 nicht negativ, denn es ist $t_{i\alpha} \geqq t_{i\beta}$. Hieraus folgt die am Anfang von B genannte Behauptung.

C) Für jedes $t \in T(e)$ ist $A(e) = \min_{e' \in D} A(e')$.

Das folgt unmittelbar aus Teil B. Angenommen, es sei $A(e) \neq \min_{e' \in D} A(e')$. Dann gibt es ein $\bar{e} \neq e$ mit $A(\bar{e}) < A(e)$. Für zwei benachbarte Elemente der mit diesem $\bar{e} \in D$ und e gebildeten Folge (2.16) gelten die Voraussetzungen von Teil B. Es ist also

$$A(e) \leqq A(e^2) \leqq \cdots \leqq A(\bar{e}) \text{ im Widerspruch zur Annahme.}$$

D) Wir beweisen nun die Behauptung von Satz 3.1. Für jedes $t \in T$ sei $e(t)$ eine feste Entscheidung aus $Q(t)$. Da $t \in T(e(t))$, folgt aus C: $A(e(t)) \leqq A(e')$ für alle $e' \in D$ und jedes $y \in Y$. Ist $e' \in Q(t)$, so gilt für jedes $y \in Y: A(e(t)) = A(e'))$. Es gilt also für jedes $t \in T$

$$\sum_{e \in D} \psi(e, t, y)\, A(e) = \frac{1}{|Q(t)|} \sum_{e \in Q(t)} A(e) = A(e(t))$$

und für jedes $\varphi \in \mathfrak{D}$

$$\sum_{e \in D} \psi(e, t, y)\, A(e) = A(e(t)) \leqq \sum_{e' \in D} \varphi(e', t, y)\, A(e')\,.$$

Hieraus folgt

$$r(\varphi, \Theta, \eta) \geqq r(\psi, \Theta, \eta)\,, \qquad \varphi \in \mathfrak{D}\,. \tag{3.4}$$

Mit dem Lemma 1 aus [1] folgt damit die Behauptung. Aus Satz 1 und dem Lemma 2 aus [1] folgt weiterhin unmittelbar Satz 2.

Satz 3.3: *Die in Abschnitt 2 genannten Voraussetzungen und die Annahmen 1 und 2 seien erfüllt. Ist $\mathfrak{B}(\mathsf{H})$ ein Borel-Körper über H,*

$$Z = (\Omega \times \mathsf{H}, \mathfrak{B}^{m_1+m_2+\cdots+m_k}(\Omega) \times \mathfrak{B}(\mathsf{H})) \qquad)3.5)$$

ein meßbarer Raum und $B = B_1 \times B_2$ ein Wahrscheinlichkeitsmaß auf Z mit den Eigenschaften

B_1 ist Wahrscheinlichkeitsmaß auf $(\Omega, \mathfrak{B}^{m_1+m_2+\cdots+m_k}(\Omega))$,

B_2 ist Wahrscheinlichkeitsmaß auf $(\mathsf{H}, \mathfrak{B}(\mathsf{H}))$,

$\mathrm{d}B_1(\Theta) = \mathrm{d}B_1(\bar{g}\,\Theta)$ *für jedes* $\bar{g} \in \bar{G}$,

so ist

$$\varrho(\psi, B) = \int_{\Omega \times \mathsf{H}} R(\psi, \Theta, \eta)\, \mathrm{d}B(\Theta, \eta) = \inf_{\varphi \in \mathfrak{D}} \int_{\Omega \times \mathsf{H}} R(\varphi, \Theta, \eta)\, \mathrm{d}B(\Theta, \eta)\,. \tag{3.6}$$

Beweis: Aus der Invarianz von B_1 folgt

$$\sum_{\bar{g} \in \bar{G}} \int_{\Omega} V(e, \bar{g}, \Theta, \eta)\, h(t, y, \bar{g}\,\Theta, \eta)\, \mathrm{d}B_1(\bar{g}\,\Theta)$$
$$= m_1!\, m_2! \ldots m_k! \int_{\Omega} V(e, \Theta, \eta)\, h(t, y, \Theta, \eta)\, \mathrm{d}B_1(\Theta) \tag{3.7}$$

für jedes $(t, y) \in T \times Y$, jedes $e \in D$ und jedes $\eta \in \mathsf{H}$.

Aus (3.7) erhält man für jedes $\varphi \in \mathfrak{D}$

$$\int_{\Omega \times \mathsf{H}} r(\varphi, \Theta, \eta)\, \mathrm{d}B(\Theta, \eta) = \int_{\Omega \times \mathsf{H}} R(\varphi, \Theta, \eta)\, \mathrm{d}B(\Theta, \eta) = \varrho(\varphi, B)\,. \tag{3.8}$$

Aus (3.4) und (3.8) folgt $\varrho(\psi, B) \leqq \varrho(\varphi, B)$, $\varphi \in \mathfrak{D}$, was zu beweisen war.

ψ ist also BAYES-Entscheidungsfunktion bezüglich B. Sind die Voraussetzungen von Satz 3.3 erfüllt, so ist es gleichgültig, ob man das BAYESsche oder ein anderes Entscheidungskriterium, das die Voraussetzungen von Satz 3.2 erfüllt, verwendet. ψ ist in beiden Fällen optimal. Mit Hilfe BAYESscher Verfahren kann man Erfahrungen in die Entscheidung einbeziehen. In diesem Sinne enthält eine a priori Verteilung, die die Voraussetzungen von Satz 3.3 erfüllt, keine für die Auswahl der Entscheidungsfunktion wesentliche Information.

Satz 3.3 kann man auch direkt beweisen, indem man die Schritte, die zum Beweis von Satz 4.1 in [2] führen, mehrfach anwendet. BAYES-Entscheidungsfunktionen bezüglich anderer a priori-Verteilungen findet man beispielsweise in [22] und [23]. Über die Ergebnisse aus Abschnitt 3 berichtete der Verfasser in [24] und [25]. Satz 3.1 ist eine Verallgemeinerung des Satzes 4.2 aus der Arbeit [2] von M. L. EATON. In [2] werden Anordnungsentscheidungen für $k = 1$ untersucht. Es wird bewiesen, daß die natürliche Entscheidungsfunktion eine BAYES-Entscheidungsfunktion ist und damit der o. g. Satz abgeleitet.

4. Wahrscheinlichkeit einer korrekten Entscheidung

Wir wollen im folgenden solche Verlustfunktionen betrachten, für die $R(\psi, \Theta, \eta)$ auf einer Teilmenge von $\Omega \times \mathsf{H}$ die Wahrscheinlichkeit einer Fehlentscheidung ist. Hierzu schließen wir zunächst solche $\Theta \in \Omega$ aus, für die mehrere Entscheidungen aus D gleichzeitig korrekt sind. Die Verlustfunktion

$$V(e, \Theta, \eta) = \begin{cases} 1\,, & \text{wenn für ein } e' \in D,\ e' \neq e \text{ und } \Theta \in \Omega(e') \text{ gilt,} \\ 0\,, & \text{sonst}\,, \end{cases} \tag{4.1}$$

erfüllt die in Abschnitt 2 genannten Voraussetzungen und Annahme 1. Für jedes $\Theta \in \Omega(e)$ wird

$$R(\psi, \Theta, \eta) = 1 - \int h(t, y, \Theta, \eta)\, \psi(e, t, y)\, d\lambda(t, y)\,.$$

Dabei ist

$$\mathsf{P}(e \mid \Theta, \eta) = \int h(t, y, \Theta, \eta)\, \psi(e, t, y)\, d\lambda(t, y) \tag{4.2}$$

für jedes $\Theta \in \Omega(e)$ und jedes $\eta \in \mathsf{H}$ die Wahrscheinlichkeit der korrekten Entscheidung e, und $R(\psi, \Theta, \eta)$ hat für alle $\Theta \in \bigcup_{e \in D} \Omega(e)$ die gewünschte Eigenschaft. Zur Untersuchung weiterer Eigenschaften — insbesondere zur Bestimmung ungünstigster Parameterkonfigurationen — ist es nützlich, $\mathsf{P}(e \mid \Theta, \eta)$ als Linearkombination einfacher Wahrscheinlichkeiten darzustellen, indem man T in meßbare Teilmengen zerlegt, auf denen $\psi(e, t, y)$ konstant ist. Nach (3.2) ist $T(e_i)$ Durchschnitt der $|J(e_i)|$ Mengen

$$T_{ab}(e_i) = \{t \in T \mid t_{ia} \geqq t_{ib}\}\,, \quad \langle a, b\rangle \in J(e_i) \tag{4.3}$$

und

$$T_{ab}(e_i) = K_{ab}(e_i) \cup L_{ab}(e_i)$$

mit

$$\left.\begin{aligned} K_{ab}(e_i) &= \{t \in T \mid t_{ia} > t_{ib}\}\,, \\ L_{ab}(e_i) &= \{t \in T \mid t_{ia} = t_{ib}\}\,. \end{aligned}\right\} \tag{4.4}$$

Es ist also

$$T(e_i) = \bigcap_{\langle a, b\rangle \in J(e_i)} \left(K_{ab}(e_i) \cup L_{ab}(e_i)\right). \tag{4.5}$$

Hieraus erhält man $T(e_i)$ als Vereinigung von $2^{|J(e_i)|}$ disjunkten Mengen

$$C_v(e_i) = \Big(\bigcap_{\langle a, b\rangle \in v} K_{ab}(e_i)\Big) \cap \Big(\bigcap_{\langle a, b\rangle \in J(e_i) - v} L_{ab}(e_i)\Big). \tag{4.6}$$

Für jeweils $\binom{|J(e_i)|}{r}$ der $C_v(e_i)$ gilt $|v| = r$, $r = 0, 1, \ldots, |J(e_i)|$. Im allgemeinen gibt es Teilmengen v von $J(e_i)$ derart, daß $C_v(e_i) = \emptyset$. Sie werden nicht ausgeschlossen, um unnötige Komplikationen in der Darstellung zu vermeiden. Stellt man in (3.3) jedes $T(e_i)$ in dieser Form dar, so erhält man nach einfacher Umformung $T(e)$ als Vereinigung von 2^q $\left(\text{mit } q = |J(e_1) + \cdots + |J(e_k)|\right)$ disjunkten Mengen der Form

$$C(v_1, \ldots, v_k) = \bigcap_{i \in K} C_{v_i}(e_i), \quad v_i \subseteqq J(e_i), \quad i \in K \tag{4.7}$$

also

$$T(e) \bigcup_{v_1 \subseteqq J(e_1)} \cdots \bigcup_{v_k \subseteqq J(e_k)'} C(v_1, \ldots, v_k). \tag{4.8}$$

Auf jeder von $\emptyset$ verschiedenen Menge $C(v_1, \ldots, v_k)$ ist $\psi(e, t, y)$ konstant. Wir bezeichnen diesen Wert mit $\psi(e, C(v_1, \ldots, v_k))$ und setzen $\psi(e, C(v_1, \ldots, v_k)) = 0$, wenn $C(v_1, \ldots, v_k) = \emptyset$.

Satz 4.1: *Gelten* $\psi(e, C(v_1, \ldots, v_k)) \neq 0$, $v_r \supset v_r'$ *für ein* $r \in K$ *und* $v_i = v_i'$ *für* $i \neq r$, *so ist*

$$\psi(e, C(v_1, \ldots, v_k)) \geqq \psi(e, C(v_1', \ldots, v_k')).$$

Beweis: Für $C(v_1', \ldots, v_k') = \emptyset$ ist die Behauptung trivial. Sei $C(v_1, \ldots, v_k) \neq \emptyset$ und $t \in C(v_1, \ldots, v_k)$. Nach (2.9) ist

$$N_i(t) = \prod_{j \in K_i} \binom{u_{ij}(t) + w_{ij}(t)}{u_{ij}(t)}. \tag{4.9}$$

Bezeichnen $u_{ij}'(t')$ und $w_{ij}'(t')$ die entsprechenden Zahlen für $t' \in C(v_1', \ldots, v_k')$, so gelten $u_{ij}'(t') \geqq u_{ij}(t)$ und $w_{ij}'(t') \geqq w_{ij}(t)$ für alle j und für wenigstens ein j

$$u_{ij}'(t') > u_{ij}(t) \quad \text{oder} \quad w_{ij}'(t') > w_{ij}(t).$$

Hieraus folgt für alle $j \in K_i$

$$\binom{u_{ij}'(t') + w_{ij}'(t')}{u_{ij}'(t')} \geqq \binom{u_{ij}(t) + w_{ij}(t)}{u_{ij}(t)}$$

und für wenigstens ein $j \in K_i$

$$\binom{u_{ij}'(t') + w_{ij}'(t')}{u_{ij}'(t')} > \binom{u_{ij}(t) + w_{ij}(t)}{u_{ij}(t)}$$

also $\psi(e, t, y) > \psi(e, t, y)$, was zu beweisen war.

$\mathsf{P}(e \mid \Theta, \eta)$ hat die Form

$$\mathsf{P}(e \mid \Theta, \eta) = \int h(t, y, \Theta, \eta)\, \psi(e, t, y)\, \mathrm{d}\lambda(t, y)$$

$$= \sum_{v_1 \subseteqq J(e_1), \ldots, v_k \subseteqq J(e_k)} \psi(e, C(v_1, \ldots, v_k)) \int_{C(v_1, \ldots, v_k) \times Y} h(t, y, \Theta, \eta)\, \mathrm{d}\lambda(t, y) \quad (4.10)$$

$$= \sum_{v_1 \subseteqq J(e_1), \ldots, v_k \subseteqq J(e_k)} \psi(e, C(v_1, \ldots, v_k)) \int_{C(v_1, \ldots, v_k)} h(t, \Theta, \eta)\, \mathrm{d}\mu(t), \quad (4.11)$$

wobei

$$h(t, \Theta, \eta) = \int_Y h(t, y, \Theta, \eta)\, \mathrm{d}v(y) \quad (4.12)$$

(vgl. Abschn. 2, $\lambda = \mu \times v$).

Wir geben nun einige Eigenschaften von $\mathsf{P}(e \mid \Theta, \eta)$ an, die für weitere Untersuchungen nützlich sind.

$e = \{e_{11}, \ldots, e_{1 M_1}, \ldots, e_{k 1}, \ldots, e_{k M_k}\}$ sei eine feste Entscheidung aus D mit $|e_{s, i+1}| = \cdots = |e_{s, i+M}| = 1$ für ein $s \in K$ mit $M_s > 2$, i und M die den Bedingungen $M_s - M \geqq 2$ und $0 \leqq i \leqq M_s - M$ genügen. $\bar{e} = \{\bar{e}_1, \ldots, \bar{e}_k\}$ wird definiert durch

$$\bar{e}_{a b} = e_{a b} \quad \text{für} \quad a \neq s$$

$$\bar{e}_{s, b} = e_{s, b} \quad \text{für} \quad b = 1, 2, \ldots, i, \text{ wenn } i > 0$$

$$\bar{e}_{s, i+1} = \bigcup_{b=i+1}^{i+M} e_{s b}$$

und

$$\bar{e}_{s b} = e_{s, M-1+b} \quad \text{für} \quad b = i + 2, \ldots, M_s - M + 1, \text{ wenn } i < M_s - M.$$

Für jede Permutation $r = (r_1, \ldots, r_M) \in R$ sei $e^r = (e_1^r, \ldots, e_M^r)$ diejenige Entscheidung, für die

$$e^r_{s, i+r_1} = e_{s, i+1}$$

$$e^r_{s, i+r_M} = e_{s, i+M}$$

$$e^r_{a, b} = e_{a b} \quad \text{für} \quad a \neq s,$$

$$e^r_{s, b} = e_{s, b} \quad \text{für} \quad b \notin \{i + 1, \ldots, i + M\}.$$

$\bar{e}$ ist also eine „Vergröberung" von e^r in der Teilentscheidung über Θ_s, für jedes $r \in R$. Es gilt der folgende Satz.

Satz 4.2: *Für jedes* $\Theta \in \bigcup_{e \in D} \Omega(e)$ *gilt*

$$\sum_{r \in R} \mathsf{P}(e^r \mid \Theta, \eta) = \mathsf{P}(\bar{e} \mid \Theta, \eta). \quad (4.13)$$

Beweis: A) Es ist

$$\mathsf{P}(\bar{e} \mid \Theta, \eta) = \sum_{v_1 \subseteqq J(\bar{e}_1), \ldots, v_k \subseteqq J(\bar{e}_k)} \frac{1}{\prod_{i \in K} \bar{N}_i(v_i)} \int_{C(v_1, \ldots, v_k) \times Y} h(t, y, \Theta, \eta)\, \mathrm{d}\lambda(t, y)$$

und

$$\mathsf{P}(e^r \mid \Theta, \eta) = \sum_{u_1 \subseteqq J(e_1^r), \ldots, u_k \subseteqq J(e_k^r)} \frac{1}{\prod_{i \in K} N_i^r(u_i)} \int_{\bar{C}(u_1, \ldots, u_k) \times Y} h(t, y, \Theta, \eta)\, \mathrm{d}\lambda(t, y).$$

Dabei gilt $J(\bar{e}_a) = J(e_a^r) = J(e_a)$ für $a \neq s$,

$$C(v_1, \ldots, v_k) = \bigcap_{i \in K} C_{v_i}(e_i) = C_{v_s}(\bar{e}_s) \cap \bigcap_{\substack{a \in K \\ a \neq s}} C_{v_a}(e_a)$$

und

$$\bar{C}(u_1, \ldots, u_k) = C_{u_s}(e_s^r) \cap \bigcap_{\substack{i \in K \\ i \neq s}} C_{u_i}(e_i) .$$

Für $v_a = u_a$ und $a \neq s$ ist $N_a^r(v_a) = \bar{N}_a(u_a) = N_a(v_a)$. Offensichtlich gelten:

1. Für jedes $r \in R$ ist $T(e_s^r) \subset T(\bar{e}_s)$ und $\bigcup_{r \in R} T(e_s^r) = T(\bar{e}_s)$.
2. Für jedes $r \in R$ sind die $C_u(e_s^r)$ disjunkt und es gilt
$$\bigcup_{u = J(e_s^r)} C_u(e_s^r) = T(e_s^r) .$$
3. Für $r \neq r'$ und beliebige $u \subseteqq J(e_s^r)$, $u' \subseteqq J(e_s^{r'})$ mit $C_u(e_s^r) \neq \emptyset$, $C_{u'}(e_s^{r'}) \neq \emptyset$ gilt entweder $C_u(e_s^r) = C_{u'}(e_s^{r'})$ oder $C_u(e_r^s) \cap C_{u'}(e_s^{r'}) = \emptyset$. Jedes $C_v(e_s)$ ist also Vereinigung einer endlichen Anzahl disjunkter $C_u(e_s^r)$.

B) Es seien $u_{s0}(t) = u_{s M_s}(t) = w_{s M_s}(t) = 0$.
Es sei $C' = \bigcap_{\substack{a \in K \\ a \neq s}} C_{u_a}(e_a)$. Wir zeigen zunächst:

Ist $C_u(e_s^{r'}) \subseteqq C_{v_a}(\bar{e}_s)$ und $C_u(e_s^{r'}) \neq \emptyset$, so gilt für $t \in C_u(e_s^{r'})$

$$\sum_{r \in R} \psi(e^r, C_u(e_s^{r'}) \cap C') = \psi(\bar{e}, C_v(\bar{e}_s) \cap C') . \tag{4.14}$$

Für $C' = \emptyset$ ist (4.14) trivial. Es sei $C' \neq \emptyset$ und $t \in C_u(e_s^{r'}) \cap C'$. Dann ist $\prod_{\substack{i \in K \\ i \neq j}} N_i(t)$ konstant.

$$N_s(t) = \prod_{b=1}^{M_s - 1} \binom{u_{sb}^r(t) + w_{sb}^r(t)}{u_{sb}^r(t)}$$

ist die Anzahl der korrekten Teilentscheidungen

$$\bar{e}_s \in D_s(|\bar{e}_{s1}|, \ldots, |\bar{e}_{si}, M, \ldots, |\bar{e}_{s, M_s - M + 1}|) ,$$

und

$$N_s^r(t) = \prod_{b=1}^{M_s - 1} \binom{u_{sb}^r(t) + w_{sb}^r(t)}{u_{sb}^r(t)}$$

ist die Anzahl der korrekten Teilentscheidungen $e_s^r \in D_s(|e_{s1}|, \ldots, |e_{sM_s})|$. Dabei gelten

$$\binom{u_{sa}(t) + w_{sa}(t)}{u_{sa}(t)} = \binom{u_{sb}^r(t) + w_{sb}^r(t)}{u_{sb}^r(t)}$$

für $a = 1, \ldots, i$, $a = b$ und für $a = i + 2, \ldots, M_s - M$ und $a + M - 1 = b$.
Für $i < M_s - M$ ist

$$\prod_{b=i+1}^{i+M} \binom{u_{sb}^r(t) + w_{sb}^r(t)}{u_{sb}^r(t)} = \prod_{b=i+1}^{i+M} \binom{1 + w_{sb}^r(t)}{1}$$
$$= u_{i+1}(t)! \binom{u_{s\,i+1}(t) + w_{s\,i+1}(t)}{u_{s\,i+1}(t)} \prod_{b=i+1}^{i+M-u_{si}(t)+1} \binom{1 + w_{sb}^r(t)}{1} .$$

Es gilt also

$$N_s^r(t) = u_{i+1}(t)! \prod_{b=i+1}^{i+M-u_{si}(t)+1} \binom{1 + w_{sb}^r(t)}{1} \prod_{a=1}^{M_s - M} \binom{u_{sa}(t) + w_{sa}(t)}{u_{sa}(t)} .$$

In (4.14) sind $u_{i+1}(t)! \prod_{b=i+1}^{i+M-u_{si}+1} \binom{1+w_{sb}^r(t)}{1}$ Summanden gleich $\left(N_s^r(t) \prod_{\substack{i \in K \\ i \neq s}} N_i(t)\right)^{-1}$.
Die übrigen haben den Wert Null. Hieraus folgt (4.14) für $i < M_s - M$.
Für $i = M_s - M$ erhält man (4.14) analog.
Damit wird

$$\sum_{r \in R} \mathsf{P}(e^r \mid \Theta, \eta)$$
$$= \sum_{r \in R} \sum_{u_a \subseteqq J(e_a),\, a \neq s} \sum_{u \subseteqq J(e_s^r)} \psi(e^r, C_u(e_s^r) \cap C') \, \mathsf{P}\left(C_u(e_s^r) \cap C'\right)$$
$$= \sum_{u_a \subseteqq J(e_a),\, a \neq s} \sum_{v = J(\bar{e}_s^r)} \sum_{C_u(e_s^r) = C_v(\bar{e}_s)} \left\{\mathsf{P}\left(C_u(e_s^r) \cap C'\right) \sum_{r' \in R} \psi(e^{r'}, C_u(e_s^r) \cap C')\right\}$$
$$= \sum_{u_a \subseteqq J(e_a),\, a \neq s} \sum_{v \subseteqq J(\bar{e}_s)} \sum_{C_u(e_s^r) \subseteqq C_v(\bar{e}_s)} \mathsf{P}\left(C_u(e_s^r) \cap C'\right) \psi(\bar{e}, C_v(\bar{e}_s) \cap C')$$
$$= \sum_{u_a \subseteqq J(e_a),\, a \neq s} \sum_{v \subseteqq J(\bar{e}_s)} \psi\left(\bar{e}, C_v(\bar{e}) \cap C'\right) \sum_{C_u(e_s^r) \subseteqq C(\bar{e}_s)} \mathsf{P}\left(C_u(e_s^r) \cap C'\right)$$
$$= \sum_{u_a \subseteqq J(e_a),\, a \neq s} \sum_{v \subseteqq J(\bar{e}_s)} \psi\left(\bar{e}, C_v(\bar{e}_s) \cap C'\right) \mathsf{P}\left(C_v(\bar{e}_s) \cap C'\right)$$
$$= \mathsf{P}(\bar{e} \mid \Theta, \eta) .$$

Folgerung 1: *Ist* $\Theta_{s,i+1} = \Theta_{s,i+2} = \cdots = \Theta_{s,i+M}$, *so gilt*

$$M!\, \mathsf{P}(e \mid \Theta, \eta) = \mathsf{P}(\bar{e}, \Theta, \eta) .$$

Folgerung 2: *Es sei* $e \in D$ *mit* $|e_{sj}| > a > 0$ *und* $q = \binom{|e_{sj}|}{a}$. $e_{s,j_1}, \ldots, e_{sj_q}$ *bezeichnen die Kombinationen von je a Elementen aus* e_{sj} *ohne Berücksichtigung der Anordnung. Es sei*

$$e_s^{(i)} = \{e_{s1}, \ldots, e_{sj-1}, e_{s,j_i}, e_{s,j} - e_{s,j_i}, e_{s,j+1}, \ldots, e_{sM_s}\}$$

und $e^{(i)} = \{e_1, \ldots, e_s^{(i)}, \ldots, e_k\}$.
Dann gilt

$$\sum_{i=1}^{q} \mathsf{P}(e^{(i)}, \Theta, \eta) = \mathsf{P}(e \mid \Theta, \eta) .$$

Beweis: Wendet man bei jedem Summanden der linken Seite den Satz 4.2 auf e_{s,j_i} und danach auf $e_{s,j} - e_{s,j_i}$ an, so erhält man die $q \cdot a! \cdot (|e_{s,j}| - a)! = |e_j|!$ zugehörigen Summanden. Die Behauptung folgt damit ebenfalls nach Satz 4.2.

5. Wahrscheinlichkeit ω-korrekter Entscheidungen, ungünstigste Parameterkonfigurationen

Es liegt nahe, eine untere Schranke $P^* > 1/|D|$ für die Wahrscheinlichkeit einer korrekten Entscheidung vorzuschreiben, wie das bei anderen Problemen der Mathematischen Statistik üblich ist. Im allgemeinen kann man die Forderung

$$\mathsf{P}(e \mid \Theta, \eta) \geqq P^* \quad \text{für alle} \quad (\Theta, \eta) \in \Omega(e) \times \mathsf{H} \tag{5.1.A}$$

mit dem beschriebenen einstufigen Verfahren nicht durch geeignete Wahl des Stichprobenumfanges n erfüllen. Für festes η kann man

$$\mathsf{P}(e \mid \Theta, \eta) \geqq P^* \tag{5.2}$$

für ein Θ aus $\Omega(e)$ durch die Wahl eines hinreichend großen n nur erfüllen, wenn die Θ_{ij} hinreichend separiert sind. Der erforderliche Stichprobenumfang ist besonders groß, wenn die Abstände der Θ_{ij} klein sind. Bei kleinen Abständen sind aber die Folgen falscher Entscheidungen häufig unwesentlich. Wir beschränken unsere Betrachtungen deshalb auf Θ aus Teilmengen $\omega(e)$ von $\Omega(e)$, die man mit Hilfe von Teilmengen $\omega(e_i)$ von $\Omega(e_i)$ bilden kann. Für praktische Anwendungen ist zum Beispiel

$$\omega^1(e_i) = \{\Theta \in \Omega \mid \Theta_{ia} \geqq \Theta_{ib} + \Delta_j^i, \quad a \in e_{ij}, \quad b \in e_{ij+1}, j \in K_i\}$$

$\Delta_j^i > 0$ für $j \in K_i$, $i \in K$ geeignet. Wir bilden

$$\omega^1(e) = \bigcap_{i \in K} \omega^1(e_i) .$$

Die Δ_j^i beschreiben die vom Standpunkt der Anwendungen als erheblich betrachteten Differenzen. Aber auch für $\Theta \in \omega^1(e)$ kann man (5.2) im allgemeinen nicht für jedes η aus H durch Wahl eines entsprechend großen Stichprobenumfanges n erfüllen. Diese Forderung wird man allerdings nur selten stellen. Bei zahlreichen Anwendungen interessieren die betrachteten Entscheidungen nur für η aus einer Teilmenge H^0 von H. Sind beispielsweise die Parameter Θ_{ij} Erwartungswerte normalverteilter zufälliger Variabler ξ_{ij} mit Varianzen $\sigma_i > 0$, so ist der erforderliche Stichprobenumfang besonders groß, wenn σ_i einen großen Wert hat. Für große σ_i kann man aber die durch falsche Entscheidungen verursachten Verluste oft vernachlässigen. Bei Anwendungen dieser Art mit $\eta = (\sigma_1, \ldots, \sigma_k)$ und $\mathsf{H} = \{(x_1, \ldots, x_k) \in R^k \mid x_i > 0, \ i \in K\}$ wird man (5.2) oft nur für η aus $\{(x_1, \ldots, x_k) \in R^k \mid x_i \leqq S_i, \ i \in K\}$ fordern. Eine formal gleichartige Bedingung erhält man auch für Probleme, bei denen die durch Fehlentscheidungen verursachten Verluste von den Werten der σ_i unabhängig sind, wenn man obere Schranken S_i für die σ_i kennt. Wir ersetzen deshalb (5.1.A) durch

$$\mathsf{P}(e \mid \Theta, \eta) \geqq P^* \quad \text{für alle} \quad (\Theta, \eta) \in \omega^1 \times \mathsf{H}^1 \tag{5.1.B}$$

mit $\mathsf{H}^1 \subseteqq \mathsf{H}$. Es gibt verschiedene Möglichkeiten, Anordnungsentscheidungen durch die Wahl geeigneter Verlustfunktionen in einstufigen Verfahren zu beurteilen. Wir betrachten in diesem Abschnitt nur solche Fälle, bei denen kein unbekannter Störparameter auftritt. Dabei fordern wir an Stelle von (5.1.A)

$$\mathsf{P}(e \mid \Theta, \eta) \geqq P^* \quad \text{für alle} \quad \Theta \in \omega^1 . \tag{5.1.C}$$

Wir beschreiben den Aufgabentyp zuerst für allgemeinere $\omega^r(e_i)$ genauer. Für $i \in K$, $j \in K_i$ seien $u_{ij}(x, \eta)$ reellwertige Funktionen mit $u_{ij}(x, \eta) > x$ für alle x aus der Menge der möglichen Werte von Θ_{ib} und alle $\eta \in \mathsf{H}$. Für jedes $i \in K$ und jedes $e_i \in D_i$ sei

$$\omega^r(e_i) = \{\Theta \in \Omega \mid \Theta_{ia} \geqq u_{ij}(\Theta_{ib}, \eta) \, a \in e_{ij} , \ b \in e_{i,j+1} , \ j \in K_i\} .$$

Weiter seien

$$\omega^r(e) = \bigcap_{i \in K} \omega^r(e_i) \quad \text{und} \quad \omega^r = \bigcap_{e \in D} \omega^r(e) \tag{5.3}$$

und

$$V(e, \Theta, \eta) = \begin{cases} 1, & \text{wenn für ein } e' \in D,\ e' \neq e \text{ gilt } \Theta \in \omega^r(e'), \\ 0 & \text{sonst.} \end{cases} \tag{5.4}$$

Offensichtlich ist $\omega^r(e) \subset \Omega(e)$. Die $u_{ij}(x, \eta)$ seien so gewählt, daß die in Abschnitt 2 genannten Voraussetzungen erfüllt sind. Wenn $\Theta \in \omega^r$, so ist

$$1 - R(\Psi, \Theta, \eta) = \int h(t, \Theta, \eta)\, \psi(e, t, y)\, d\mu(t)$$

die Wahrscheinlichkeit einer korrenten Entscheidung über Θ.

Definition: Eine Entscheidung e über Θ heißt *ω-korrekt*, wenn $V(e, \Theta, \eta) = 0$.

Wir schreiben $\mathsf{P}(\omega - K|\Theta, \eta)$ für $1 - R(\psi, \Theta, \eta)$. Existiert für festes ω und jedes $\eta \in \mathsf{H}$ ein $\Theta^* \in \Omega$ derart, daß

$$\mathsf{P}(\omega^r - K|\Theta^*, \eta) = \inf_{\Theta \in \omega^r} \mathsf{P}(\omega^r - K|\Theta, \eta),$$

so heißt Θ^* *eine ungünstigste Parameterkonfiguration bezüglich* ω^r. Dabei gilt

$$\inf_{\Theta \in \omega^r} \mathsf{P}(\omega^r - K|\Theta, \eta) = \inf_{\Theta \in \omega^r(.)} \mathsf{P}(\omega^r - K|\Theta, \eta).$$

Es sei $e_i^* = \{e_{i1}^*, \ldots, e_{iM_i}^*\}$ diejenige Teilentscheidung, für die aus $j \in K_i$, $a \in e_{ij}^*$ und $b \in e_{i,j+1}^*$ folgt, daß $a < b$ ist. Wir setzen $e^* = \{e_1^*, \ldots, e_k^*\}$ und $J_i = J(e_i^*)$. Für Fälle, in denen $h(t, \Theta, \eta)$ für $k = 1$ die Form

$$g(t_{11} - \Theta_{11}, \ldots, t_{1m_1} - \Theta_{1m_1}, \eta), \tag{I}$$

$$\frac{1}{\prod_{i=1}^{m_1} q(\Theta_{1i})}\, g\left(\frac{t_{11}}{q(\Theta_{11})}, \ldots, \frac{t_{1m_1}}{q(\Theta_{1m_1})}\right), \tag{II}$$

wobei für jedes $\Theta \in \Omega$ gilt $q(\Theta_{1j}) > 0$, $j = 1, \ldots, m_1$, oder

$$\frac{1}{\sigma^n}\, g\left(\frac{t_{11} - \Theta_{11}}{\sigma}, \ldots, \frac{t_{1m_1} - \Theta_{1m_1}}{\sigma}\right), \quad \sigma > 0 \tag{III}$$

hat, geben wir in den folgenden Sätzen ungünstigste Parameterkonfigurationen für verschiedene ω^r an. Dabei beschreiben wir nur den Fall $k = 1$. Bei (I) und (III) ist Θ_{1j} Lageparameter von t_{1j}. Bei Form (II) ist $q(\Theta_{1j})$ Skalaparameter von t_{1j}. bei (III) ist σ für jedes t_{1j} Skalaparameter. Bei (I) und (III) können die Θ_{1j} $(j = 1, \ldots, m_1)$ beliebige reelle Zahlen sein. In der Praxis kennt man häufig Schranken. Um Abweichungen von den in der Standardliteratur über Varianzanalyse üblichen Bezeichnungen zu vermeiden, betrachten wir auch solche Fälle, bei denen Reparametrisierungsbedingungen auftreten. Es kann beispielsweise für eine feste reelle Zahl a_i gelten

$$\Omega_i = \left\{\Theta \in R^{m_i} \,\middle|\, \sum_{j=1}^{m_i} \Theta_{ij} = a_i\right\}.$$

Reparametrisierungsbedingungen bedeuten auch bei Anordnungsentscheidungen keine Einschränkung der Allgemeinheit. Wir setzen im folgenden stets voraus, daß

$$w^r(e_i) = \{\Theta \in \Omega | \Theta_{ia} = u_{ij}(\Theta_{ib}, \eta),\, a \subset e_{ij},\, b \in e_{i,j+1},\, j \in K_i\} \neq \emptyset$$

gilt. Die in den Sätzen ebenfalls angegebenen Monotonieeigenschaften von $\mathsf{P}(\omega^r - K|\Theta^*, \eta)$ dienen zur Vorbereitung von Abschnitt 6.

Satz 5.1: *Sind die in Abschnitt 2 genannten Voraussetzungen erfüllt und ist Θ_{1a} Lageparameter von t_{1a}, $a = 1, \ldots, m_1$, so ist jedes Θ mit der Eigenschaft*

$$\Theta_{1r_a} - \Theta_{1r_b} = \Delta_j^1, \quad a \in e_{ij}^*, \quad b \in e_{i,j+1}^*, \quad j \in K_1 \tag{5.5}$$

für eine Permutation $(r_1, \ldots, r_{m_1}) \in R(1, \ldots, m_1\})$ eine ungünstigste Parameterkonfiguration bezüglich $\omega^1 = \bigcup_{e \in D} \omega^1(e)$. $\mathsf{P}(\omega^1 - K|\Theta^*, \eta)$ ist für jedes $\eta \in \mathsf{H}$ und jedes $j \in K_1$ eine nicht fallende Funktion von Δ_j^1.

Beweis. A) O. B. d. A. sei $\Theta \in \Omega(\cdot)$. Es seien

$$S_\Theta(t_{11}, \ldots, t_{1m_1}) = (t_{11} - \Theta_{11}, \ldots, t_{1m_1} - \Theta_{1m_1}),$$

$$z = (z_{11}, \ldots, z_{1m_1}),$$

$$K_{ab}(e^*, \Theta) = \{z \in S^{-1}T | z_{1a} + \Theta_{1a} > z_{1b} + \Theta_{1b}\} \tag{5.6}$$

und

$$L_{ab}(e^*, \Theta) = \{z \in S^{-1}T | z_{1a} + \Theta_{1a} = z_{1b} + \Theta_{1b}\}.$$

Für jedes $v \subseteqq J_1$ sei $D(v)$ die mit $K_{ab}(e^*, \Theta)$, $L_{ab}(e^*, \Theta)$, J_1 nach (4.6) gebildete Menge. Nach Voraussetzung hat $h(t, \Theta, \eta)$ die Form (I). Es ist

$$\int_{C(v)} h(t, \Theta, \eta)\, \mathrm{d}\mu(t) = \int_{D(v)} g(z_{11}, \ldots, z_{1m_1'}, \eta)\, \mathrm{d}\mu(z)$$

und man erhält aus (4.11)

$$\mathsf{P}(\omega^1 - K|\Theta, \eta) = \sum_{v \subseteqq J_1} \psi(e^*, C(v)) \int_{D(v)} g(z, \eta)\, \mathrm{d}\mu(z). \tag{5.7}$$

Wir betrachten $\mathsf{P}(\omega_1 - K|\Theta, \eta)$ als Funktion von Θ auf den nachstehend definierten Mengen ω_{1r}. Es seien

$$\omega_1(e_i) = \{\Theta \in R^{m_i} | \Theta_{ia} \geqq \Theta_{ib} + \Delta_j^1,\, a \in e_{i,j},\, b \in e_{i,j+1},\, j \in K_i\},$$

$$\omega_1(e) = \bigcap_{i \in K} \omega_1(e_i) \quad \text{und} \quad \omega_{1\cdot 1} = \bigcup_{e \in D} \omega_1(e).$$

Mit s_{1j} nach (2.7) sei

$$\omega_{1\cdot r+1} = \begin{cases} \{\Theta \in \omega_{1\cdot r} | \Theta_{1r} = \Theta_{1,r+1} + \Delta_j^1\}, & r = s_{1j}, \quad j \in K_1 \\ \{\Theta \in \omega_{1\cdot r} | \Theta_{1r} = \Theta_{1,r+1}\}, & r \neq s_{1j}, \quad 1 \leqq r \leqq m_1. \end{cases} \tag{5.8}$$

Offensichtlich gelten

$$\omega_{1.1} \subseteqq \omega^1,$$

und

$$\omega_{1.1} \supseteqq \omega_{1.2} \supseteqq \cdots \supseteqq \omega_{1\cdot m_1}.$$

Ferner seien

$$\omega_{1\cdot r}' = \omega_{1\cdot r} - \omega_{1,r+1}, \quad r = 1, \ldots, m_1 - 1. \tag{5.9}$$

B) Wir zeigen nun für jedes $s \in \{1, 2, \ldots, m_1 - 1\}$:
Für jedes $\Theta' \in \omega_{1\cdot s}$ gibt es ein $\Theta'' \in \omega_{1\cdot s+1}$ mit

$$\mathsf{P}(\omega^1 - K|\Theta', \eta) \geqq \mathsf{P}(\omega^1 - K|\Theta'', \eta) . \tag{5.10}$$

Es sei $\Theta' \in \omega_{1\cdot s}$. Ist $\Theta' \notin \omega'_{1\cdot s}$, so ist $\Theta' \in \omega_{1\cdot s+1}$. Es genügt also, $\Theta' \in \omega'_{1\cdot s}$ zu betrachten. Ist $\Theta_{1a} > \Theta'_{1a} \geqq \Theta_{1b}$, so gilt offensichtlich

$$\begin{aligned}&\{z|z_{1a} + \Theta_{1a} > z_{1b} + \Theta_{1b}\}\\ &\quad \supseteqq \{z|z_{1a} + \Theta'_{1a} > z_{1b} + \Theta_{1b}\} \cup \{z|z_{1a} + \Theta'_{1a} = z_{1b} + \Theta_{1b}\} .\end{aligned} \tag{5.11}$$

Ist $s \in e^*_{1,j}$, $a \in e^*_{1,j}$, $b \in e^*_{1,j+1}$ und $a \leqq s$, so gilt für alle $\Theta \in \omega'_{1,s}$

$$K_{ab}(e^*, \Theta) = \{z \in S_\Theta^{-1}\, T|z_{1a} + \Theta_{1s} > z_{1b} + \Theta_{1b}\} .$$

Ist $s \in e^*_{1,j}$, $a \in e^*_{1,j-1}$, $b \in e^*_{1,j}$, so gilt für alle $\Theta \in \omega'_{1\cdot s}$

$$K_{ab}(e^*, \Theta) = \{z \in S_\Theta^{-1}\, T|z_{1,a} + \Theta_{1,s} + \Delta_j^1 > z_{1b} + \Theta_{1b}\} .$$

Für alle übrigen geordneten Paare $\langle a, b\rangle \in J_1$ ist $K_{ab}(e^*, \Theta)$ für $\Theta \in \omega'_{1\cdot s}$ von $\Theta_{1,s}$ unabhängig. Für jedes $s \in e^*_{1,j}$ sei

$$\lambda_s = \{\langle a, b\rangle \in J_1|(a \in e^*_{1,j} \wedge a \leqq s) \vee (b \in e^*_{1,j} \wedge b > s) \tag{5.12}$$

Gilt $\Theta \in \omega'_{1\cdot s}$, so ist λ_s die Menge derjenigen geordneten Indexpaare $\langle a, b\rangle \in J_1$, für die $K_{ab}(e^*, \Theta)$ von $\Theta_{1,s}$ abhängig ist. Wenn $1 < j < M_1$ und $s \in e^*_{1,j}$, so gilt

$$\{a|\langle a, b\rangle \in \lambda_s\} \cup \{b|\langle a, b\rangle \in \lambda_s\} = e^*_{1,j} .$$

Es sei $\omega \in \Theta'_{1\cdot s}$ und $\Theta'' \in \omega_{1\cdot s+1}$ mit $\Theta'_{1r} = \Theta''_{1r}$ für $r > s$ und v eine Teilmenge von J_1 mit $v \supseteqq \lambda_s$.

$$\left.\begin{aligned}&\text{Für } \Theta = \Theta' \text{ sei } D(v) = D'(v) .\\ &\text{Für } \Theta = \Theta'' \text{ sei } D(v) = D''(v) .\end{aligned}\right\} \tag{5.13}$$

Damit ist

$$\begin{aligned}D'(v) &= \bigcap_{\langle a,b\rangle \in v} K_{ab}(e^*|\Theta') \cap \bigcap_{\langle a,b\rangle \in J_1 - v} L_{ab}(e^*|\Theta')\\
&\supseteqq \bigcap_{\langle a,b\rangle \in v - \lambda_s} K_{ab}(e^*|\Theta') \cap \bigcap_{\langle a,b\rangle \in J_1 - v} L_{ab}(e^*|\Theta')\\
&\quad \cap \Big(\bigcap_{\langle a,b\rangle \in \lambda_s} (K_{ab}(e^*|\Theta'') \cup L_{ab}(e^*|\Theta''))\Big) \quad \text{(nach (5.11))}\\
&= \bigcup_{\mathfrak{x} \subseteqq \lambda_s} \Big\{\bigcap_{\langle a,b\rangle\, v - \mathfrak{x}} K_{ab}(e^*|\Theta'') \cap \bigcap_{\langle a,b\rangle \in J_1 - (v - \mathfrak{x})} L_{ab}(e^*|\Theta'')\Big\}\\
&= \bigcup_{\varkappa \subseteqq \lambda_s} D''(v - \mathfrak{x}) .\end{aligned} \tag{5.14}$$

Hieraus folgt

$$\begin{aligned}&\psi(e^*, C(v)) \int_{D'(v)} g(z, \eta)\, d\mu(z)\\
&\quad \geqq \sum_{\mathfrak{x} = \lambda_s} \psi(e^*, C(v)) \int_{D''(v-\mathfrak{x})} g(z, \eta)\, d\mu(z) \quad \text{(nach (5.14))}\\
&\quad \geqq \sum_{\mathfrak{x} \subseteqq \lambda_s} \psi(e^*, C(v - \mathfrak{x})) \int_{D''(v-\mathfrak{x})} g(z, \eta)\, d\mu(z) .\end{aligned}$$

nach Satz 4.1. Wir wenden dieses Ergebnis nun auf alle $v \subseteqq J_1$ mit $v \supseteqq \lambda_s$ an. Es ergibt sich

$$\begin{aligned}\mathsf{P}(\omega^1 - K|\Theta', \eta) &= \sum_{v \subseteqq J_1} \psi(e^*, C(v)) \int_{D'(v)} g(z, \eta)\, \mathrm{d}\mu(z) \\ &= \sum_{v:\lambda_s \subseteqq v \subseteqq J_1} \psi(e^*, C(v)) \int_{D'(v)} g(z, \eta)\, \mathrm{d}\mu(z) \\ &\geqq \sum_{v \supseteqq J_1} \Big(\sum_{\mathfrak{x} \subseteqq \lambda_s} \psi(e^*, C(v - \mathfrak{x})) \Big) \int_{D''(v-\mathfrak{x})} g(z, \eta)\, \mathrm{d}\mu(z) \\ &= \sum_{v \subseteqq J_1} \Psi(e^*, C(v)) \int_{D''(v)} g(z, \eta)\, \mathrm{d}\mu(z) \\ &= \mathsf{P}(\omega - K|\Theta'', \eta)\,.\end{aligned}$$

Damit ist (5.10) bewiesen.

C) Nach Teil B genügt es, $\mathsf{P}(\omega^1 - K|\Theta, \eta)$ für $\Theta \in \omega_{1 \cdot m_1}$ zu betrachten. Auf $\omega_{1 \cdot m_1}$ ist $\mathsf{P}(\omega^1 - K|\Theta, \eta)$ als Funktion von Θ aber konstant. Nach Voraussetzung gibt es $\Theta \in \Omega$ mit $\Theta \in \omega_{1 \cdot m_1}$ und jedes Element von ω_{m_1} hat die Eigenschaft

$$\Theta_{1a} - \Theta_{1b} = \Delta_j^1, \quad a \in e_{1,j}^*, \quad b \in e_{1,j+1}^*, \quad j \in K_1\,.$$

Für jedes reelle a_i gibt es ein Θ mit dieser Eigenschaft und

$$\sum_{j=1}^{m_1} \Theta_{1j} = a_i\,.$$

(5.5) folgt aus den Invarianzeigenschaften.

In einer dem Teil B des Beweises analogen Art (vgl. Beweis von Satz 5.4) kann man die Monotonie von $\mathsf{P}(\omega^1 - K|\Theta^*, \eta)$ als Funktion von Δ_j^1, $j \in K_1$ zeigen.

Die Teilschritte:

A) Transformation derart, daß nur noch der Integrationsbereich von Θ abhängig ist,

B) Für eine absteigende Folge $\{\omega_{1 \cdot i}\}$, $1 \leqq i \leqq m_1$ von Teilmengen des R^{m_1} wird gezeigt: Für jedes $\Theta \in \omega_{1 \cdot s}$ gibt es ein $\Theta'' \in \omega_{1 \cdot s+1}$ mit

$$\mathsf{P}(\omega^1 - K|\Theta', \eta) \geqq \mathsf{P}(\omega^1 - K|\Theta'', \eta)$$

des vorstehenden Beweises treten mit Abwandlungen auch bei den folgenden Sätzen auf. Statt

C) $\mathsf{P}(\omega^1 - K|\Theta, \eta)$ ist auf $\omega_{m_1}^1$ konstant,

ist mehrfach zu beweisen:

C′) $\mathsf{P}(\omega^r - K|\Theta, \eta)$ ist auf $\omega_{m_1}^r$ als Funktion der reellen Variablen Θ_{11} (bzw. Θ_{1m_1}) monoton wachsend (bzw. fallend). Betrachtet man $\mathsf{P}(\omega^r - K|\Theta, \eta)$ für verschiedene ω^r des gleichen Typs — als Funktion der Δ_j^1 oder anderer Konstanten, die zur Beschreibung der ω^r dienen — so erhält man weitere Monotonieeigenschaften, die man wie B bzw. C′ zeigen kann. Sie werden im folgenden ohne Beweis angegeben.

Satz 5.2: *Gelten die Voraussetzungen des Satzes* 5.1 *und ist* η *Skalaparameter von* t_{1a}, $a = 1, \ldots, m_1$, *so gelten die Behauptungen von Satz* 5.1. *Außerdem ist* $\mathsf{P}(\omega - K|\Theta, \eta)$ *eine nicht wachsende Funktion von* η.

Beweis: Es sei $S_\sigma(t_{11}, \ldots, t_{1m_1}) = \left(\frac{t_{11}}{\sigma}, \ldots, \frac{t_{1m_1}}{\sigma}\right)$.

Ersetzt man (5.6) durch

$$K_{ab}(a^*, \Theta) = \{z \in S_\Theta^{-1} S_\eta^{-1} T | \eta z_{1a} + \Theta_{1a} > \eta z_{1b} + \Theta_{1b}\},$$

$$L_{ab}(e^*, \Theta) = \{z \in S_\Theta^{-1} S_\eta^{-1} T | \eta z_{1a} + \Theta_{1a} = \eta z_{1b} + \Theta_{1b}\},$$

so kann man die Schlüsse aus dem Beweis von Satz 5.1 fast wörtlich übernehmen. Für Θ^* und $a \in e_{1j}^*$ ist

$$K_{ab}(e^*, \Theta) = \left\{z \in S_\Theta^{-1} S_\eta^{-1} T | z_{1a} + \frac{\Delta_j^1}{\eta} > z_{1b}\right\},$$

$$L_{ab}(e^*, \Theta) = \left\{z \in S_\Theta^{-1} S_\eta^{-1} T | z_{1a} + \frac{\Delta_j^1}{\eta} = z_{1b}\right\}.$$

Die Wahrscheinlichkeit einer korrekten Entscheidung ist eine nicht fallende Funktion von $\frac{\Delta_j^1}{\eta}$, $j \in K_1$, also nicht wachsend in η.

Zwei Beispiele, bei denen die Δ_j^i als Funktionen von η gewählt sind, findet man in Abschnitt 6 (B). Die Sätze 5.1 und 5.2 sind Verallgemeinerungen von Satz 6 aus der Arbeit [3] des Verfassers.

Die Voraussetzungen der Sätze 3.1, 3.2 und 5.2 sind unter anderem in den folgenden Beispielen erfüllt:

Beispiel 1 (Varianzanalyse, Modell I, einfache Klassifikation): Für $i = 1, \ldots, m_1$ seien $x_{i1}, \ldots, x_{in}$ stochastisch unabhängige zufällige Variable mit

$$x_{ij} = \Theta_{1j} + b_{ij} + \varepsilon_{ij} \quad \text{und} \quad \sum_{j=1}^{n} b_{ij} = b\,.$$

Die Haupteffekte Θ_{ij} und die Wechselwirkungen b_{ij} sind unbekannte Konstanten. Die Beobachtungsfehler ε_{ij} haben Verteilung $N(0, \sigma^2)$ mit bekanntem σ. Zur Entscheidung über die Anordnung der Θ_{1j} eignen sich

$$t_{1i} = \frac{1}{n} \sum_{j=1}^{n} x_{ij}\,, \qquad i = 1, \ldots, m_1\,.$$

Für ω^1 ist

$$Q_n(\omega^1) = \inf \mathsf{P}\,(\omega^1 - K | \Theta, \sigma)$$

eine monoton wachsende Funktion von $\sqrt{n}\,\frac{\Delta_j^1}{\sigma}$, also monoton wachsend in n mit $\lim_{n\to\infty} Q_n(\omega^1) = 1$. Diese Eigenschaft genügt, (5.1.C) zu erfüllen. In [4] sind für einige Spezialfälle ($k = 1$, $M_1 = 2$, m_1 bis $14/M_1 = 3$, $m_1 = 3$) Tabellen angegeben, mit deren Hilfe man leicht (unter den in diesem Beispiel angegebenen Voraussetzungen) den kleinsten Stichprobenumfang n' ermitteln kann, für den

$$Q_{n'}(\omega^1) \geqq P^*$$

gilt. Ein Teil dieser Tabellen wurde in [26] übernommen.

Beispiel 2 (Varianzanalyse, Modell I, zweifache Klassifikation): Für $i = 1, \ldots, a$, $j = 1, \ldots, b$, $r = 1, \ldots, n$ seien x_{ijr} unabhängige zufällige Variable mit Verteilung $N(m + \alpha_i + \beta_j + \gamma_{ij}, \sigma^2)$, wobei m, α_i, β_j und γ_{ij} unbekannte Konstanten sind, für die

$$\sum_{i=1}^{a} \alpha_i = \sum_{j=1}^{b} \beta_j = \sum_{i=1}^{a} \gamma_{ij} = \sum_{j=1}^{b} \gamma_{ij} = 0$$

gilt. Wir setzen

$$x_{i**} = \frac{1}{n\,b} \sum_{j=1}^{b} \sum_{r=1}^{n} x_{ijr}$$

$$x_{*j*} = \frac{1}{n\,a} \sum_{i=1}^{a} \sum_{r=1}^{n} x_{ijr}$$

$$x_{***} = \frac{1}{n\,a\,b} \sum_{i=1}^{a} \sum_{j=1}^{b} \sum_{r=1}^{n} x_{ijr}$$

und $z_{1i} = x_{i**} - x_{***}$, $z_{2i} = x_{*j*} - x_{***}$.

$z = \begin{pmatrix} z_1 \\ z_2 \end{pmatrix} = (z_{11}, \ldots, z_{1a}, z_{21}, \ldots, z_{2b})^T$ hat Normalverteilung $N\big((\alpha_1, \ldots, \alpha_a, \beta_1, \ldots, \beta_b)^T, \Sigma\big)$, wobei die Kovarianzenmatrix die Form

$$\Sigma = \begin{pmatrix} \Sigma_1 & 0 \\ 0 & \Sigma_2 \end{pmatrix}$$

hat mit

$$\Sigma_1 = \frac{\sigma^2}{n\,a\,b}\big((a+2)\,E_a - \mathfrak{e}_a^T\,\mathfrak{e}_a\big)$$

und

$$\Sigma_2 = \frac{\sigma^2}{n\,a\,b}\big((b+2)\,E_b - \mathfrak{e}_b^T\,\mathfrak{e}_b\big)$$

(x^T bezeichnet den transponierten Vektor, E_u ist die $u \times u$-Einheitsmatrix und $\mathfrak{e}_u = (1, \ldots, 1)$ mit u Komponenten). $z = (z_1^T, z_2^T)$ eignet sich zur Entscheidung über die Anordnung der α_i und der gleichzeitigen und davon unabhängigen Anordnung der β_j. Man kann leicht zeigen, daß die Verteilung von z die in Annahme 2 beschriebene Monotonieeigenschaft hat. ψ hat also die in Abschnitt 3 beschriebenen Optimaleigenschaften. Mit $\alpha = (\alpha_1, \ldots, \alpha_a)^T$, $\beta = (\beta_1, \ldots, \beta_b)^T$,

$$C_{1n} = \{z_1 \in R^a | z_{1c} \geqq z_{1d},\ c \in e_{1j}^*,\ d \in e_{1,j+1}^*,\ j \in K_1\}\ ,$$
$$C_{2n} = \{z_2 \in R^b | z_{2c} \geqq z_{2d},\ c \in e_{2j}^*,\ d \in e_{2,j+1}^*,\ j \in K_2\}$$

gilt

$$\mathsf{P}\,(\omega^1 - K|(\alpha, \beta), \sigma) = \left(\frac{a\,b\,n}{2\,\sigma^2}\right)^{\frac{a+b}{2}} \frac{1}{\sqrt{2\,(a+2)^{a-1}\,(b+2)^{b-1}}}$$
$$\times \int_{C_{1n}} \cdots \int \exp\left(\frac{-\,a\,b\,n}{2\,\sigma^2\,(a+2)}(z_1 - \alpha)^T\,(2\,E_a - \mathfrak{e}_a^T\,\mathfrak{e}_a)\,(z_1 - \alpha)\right) \mathrm{d}z_1$$
$$\times \int_{C_{2n}} \cdots \int \exp\left(\frac{-\,a\,b\,n}{2\,\sigma^2\,(b+2)}(z_2 - \beta)^T\,(2\,E_l - \mathfrak{e}_b^T\,\mathfrak{e}_b)\,(z_2 - \beta)\right) dz_2$$

und

$$Q_n(\omega_a^1 \times \omega_b^1) = \inf_{(\alpha,\beta)\, R^{a+b}} \mathsf{P}\left(\omega_a^1 \times \omega_b^1 - K \mid (\alpha, \beta), \sigma^2\right)$$

$$= \left(\frac{a\,b\,n}{2\,\sigma^2}\right)^{\frac{a+b}{2}} \frac{1}{2\sqrt{(a+2)^{a-1}\,(b+2)^{b-1}}}$$

$$\times \int_{D_{1n}} \cdots \int \exp\left(\frac{-a\,b\,n}{2\,\sigma^2\,(a+2)}(z_1-\alpha)^T\,(2\,E_a - e_a^T\,e_a)\,(z_1-\alpha)\right) dz_1$$

$$\times \int_{D_{2n}} \cdots \int \exp\left(\frac{-a\,b\,n}{2\,\sigma^2\,(b+2)}(z_2-\beta)^T\,(2\,E_b - e_b^T\,e_b)\,(Z_2-\beta)\right) dz_2$$

mit

$$D_{1n} = \left\{z_1 \in R^a \,|z_{1c} + \frac{\Delta_j^1}{\sigma} - \geqq z_{1d},\, c \in e_{1j}^*,\ d \in e_{1,j+1}^*,\, j \in K_1\right\},$$

$$D_{2n} = \left\{z_2 \in R^b \,|z_{1c} + \frac{\Delta_j^1}{\sigma} \geqq z_{1d},\ c \in e_{1j}^*,\ d \in e_{1,j+1}^*,\, j \in K_2\right\}.$$

Für $i = 1{,}2$ und jedes $j \in K_i$ ist $Q_n(\omega_a^1 \times \omega_b^1)$ auch bei diesem Beispiel eine monoton wachsende Funktion von $\frac{\Delta_j^1}{\sigma}\sqrt{n}$ mit

$$\lim_{n\to\infty} Q_n(\omega_a^1 \times \omega_b^1) = 1\,.$$

$Q_n(\omega_a^1 \times \omega_b^1)$ hat die Form $Q_n(\omega_a^1) \cdot Q_n(\omega_b^1)$, man kann also auch in diesem Fall mit Hilfe der in [4] angegebenen Tabellen ein kleinstes n' bestimmen, für das

$$Q_{n'}(\omega_a^1 \times \omega_b^1) \geqq P^*$$

gilt.

Bemerkungen:

a) Die für $k = 2$ abgeleiteten Eigenschaften kann man leicht auf k-fach klassifizierte Modelle der Varianzanalyse (Modell I) übertragen.

b) Die in den Beispielen 1 und 2 gewählten Voraussetzungen kann man in verschiedener Weise variieren. Man kann zusätzlich bei Beispiel 2 Wechselwirkungen δ_{ik} und ζ_{jk} zulassen, mit

$$\frac{1}{n}\sum_{k=1}^{n} \delta_{ik} = \delta \qquad \text{und} \qquad \frac{1}{n}\sum_{k=1}^{n} \zeta_{jk} = \zeta$$

für jedes i bzw. j. Man kann zusätzlich Korrelationen zulassen. Man kann ungleiche Varianzen zulassen (vgl. [4]).

c) Die Tabellen aus [4] sind in [27] erweitert. Einen kleinen Teil dieser zusätzlichen Tabellen findet man in [28].

Beispiel 3: Für $i = 1, \ldots, m_1$ und $j = 1, \ldots, n$ seien $x_{ij} = \alpha_i + b_{ij} + \varepsilon_{ij}$ mit $\Theta_{1j} = \alpha_i + b$ und $1 > \varrho(\varepsilon_{ij}, \varepsilon_{rs}) = \varrho \geqq 0$. α_i und b_{ij} sind unbekannte Konstanten, für die

$$\frac{1}{n}\sum_{j=1}^{n} b_{ij} = b$$

gilt. ε_{ij} bezeichnet eine zufällige Veränderliche mit Verteilung $N(0, \sigma^2)$, $i = 1, \ldots, m_1$, $j = 1, \ldots, n$. ε_{ij} repräsentiert den Meßfehler der Beobachtung (i, j). Zur Entscheidung über die Anordnung der α_i bzw. der $\alpha_i + b$ eignet sich

$$t_{1i} = \frac{1}{n} \sum_{j=1}^{n} x_{ij}, \qquad i = 1, \ldots, m_1 .$$

$t = (t_{11}, \ldots, t_{1m_1})$ hat Verteilung $N\big((\alpha_1 + b, \ldots, \alpha_{m_1} + b)^T, \Sigma\big)$ mit Kovarianzenmatrix

$$\Sigma = \frac{\sigma^2}{n} \left((1 - \varrho) E + n \varrho e^T e\right) .$$

Die Voraussetzungen der Sätze 3.1, 3.2 und 5.1 sind erfüllt. $Q_n(\omega^1)$ ist auch in diesem Fall eine monoton wachsende Funktion von $\frac{\Delta_i^1}{\sigma} \sqrt{n}$. Die in Annahme 1 genannte Voraussetzung ist auch erfüllt, wenn $-\frac{1}{k\,n - 1} < \varrho < 0$ (vgl. [2]).

Für Probleme, bei denen Θ_{ij} Skalaparameter der Statistiken t_{ij} sind, verwenden wir nun

$$\omega^2(e_i) = \{\Theta \in \Omega \mid \Theta_{ia} \geqq \Theta_{ib} c_j^i > 0, a \in e_{i,j}, b \in e_{i,j+1}, j \in K_i\} ,$$

wobei für jedes $i \in K$ und jedes $j \in K_i$ gilt $c_j^i > 1$. Es seien

$$\omega^2(e) = \bigcap_{i \in K} \omega^2(e_i) , \qquad \omega^2 = \bigcup_{e \in D} \omega^2(e) .$$

Satz 5.3: *Sind die in Abschnitt 2 genannten Voraussetzungen erfüllt, ist* $\Theta_{1a} > 0$, $t_{1a} > 0$ *und* Θ_{1a} *Skalaparameter von* t_{1a} *für* $j = 1, \ldots, m_1$, *so ist jedes* Θ^* *mit der Eigenschaft*

$$\frac{\Theta_{1r_a}^*}{\Theta_{1r_b}^*} = c_j^1, \quad a \in e_{1,j}^*, \quad b \in e_{1,j+1}^*, \quad j \in K \tag{5.16}$$

für eine Permutation $(r_1, \ldots, r_{m_1}) \in R(\{1, \ldots, m_1\})$ *eine ungünstigste Parameterkonfiguration bezüglich* ω^2. $\mathsf{P}(\omega^2 - K \mid \Theta^*, \eta)$ *ist eine nicht fallende Funktion der* c_j^1, $j \in K_1$

Beweis: A) O. B. d. A. sei $\Theta \in \Omega(\cdot)$. Es seien

$$S_\Theta(t_{11}, \ldots, t_{1m_1}) = \left(\frac{t_{11}}{\Theta_{11}}, \ldots, \frac{t_{1m_1}}{\Theta_{1m_1}}\right),$$

$z = (z_{11}, \ldots, z_{1m_1})$,

$$\left.\begin{aligned} K_{ab}(e^*, \Theta) &= \{z \in S^{-1} T \mid z_{1a} \cdot \Theta_{1a} > z_{1b} \cdot \Theta_{1b}\} , \\ L_{ab}(e^*, \Theta) &= \{z \in S^{-1} T \mid z_{1a} \cdot \Theta_{1a} = z_{1b} \cdot \Theta_{1b}\} . \end{aligned}\right\} \tag{5.17}$$

Für jedes $v \subseteqq J_1$ bezeichnet $D(v)$ die mit (5.17) wie im Beweis von Satz 5.1 gebildeten Mengen. Die (5.8) entsprechende Folge wird definiert durch

$$\omega^2(e) = \bigcap_{i \in K} \omega^2(e_i) \quad \text{und} \quad \omega^2 = \bigcup_{e \in D} \omega^2(e)$$

und

$$\omega_{2\cdot 1} = \omega^2(\cdot)$$

$$\omega_{2\cdot r+1} = \begin{cases} \{\Theta \in \omega_{2\cdot r} \mid \Theta_{1,r} = \Theta_{1,r+1}\, c_j^1\} & \text{für} \quad r = s_{1j}, j \in K_1 \\ \{\Theta \in \omega_{2\cdot r} \mid \Theta_{1,r} = \Theta_{1,r+1}\} & \text{für} \quad 1 \leqq r \leqq m_1, \ r \neq s_{1j}. \end{cases} \tag{5.18}$$

(5.9) entspricht

$$\omega'_{2r} = \omega_{2\cdot r} - \omega_{2\cdot r+1}, \qquad r = 1, \ldots, m_1 - 1. \tag{5.19}$$

Ist $\Theta_{1a} > \Theta'_{1a} \geqq \Theta_{1b} > 0$, so gilt offensichtlich

$$\{z|z_{1a}\cdot\Theta_{1a} > z_{1b}\cdot\Theta_{1b}\} \supseteqq \{z|z_{1a}\cdot\Theta'_{1a} > z_{1b}\cdot\Theta_{1b}\} \cup \{z|z_{1a}\cdot\Theta'_{1a} = z_{1b}\cdot\Theta_{1b}\}. \tag{5.20}$$

Die Teile B und C des Beweises sind mit den entsprechenden Teilen des Beweises von Satz 5.1 fast identisch. An Stelle von (5.11) verwendet man (5.20).

B e i s p i e l 4 (Anordnung der Varianzen von zufälligen Variablen mit Normalverteilung):
Für $j = 1, \ldots, m_1$, $r = 1, \ldots, n$ seien x_{1jr} unabhängige zufällige Variable mit Verteilung $N(\mu_i, \sigma_i^2)$.
A) Sind die Erwartungswerte μ_i bekannt, so hat

$$\frac{n\, s_i^2}{\sigma_i^2} = \frac{1}{\sigma_i^2} \sum_{r=1}^{n} (x_{1jr} - \mu_i)^2$$

bekanntlich χ^2-Verteilung mit n Freiheitsgraden. $t = (s_1^2, \ldots, s_{m_1}^2)$ ist erschöpfend bezüglich $\Theta = (\sigma_1^2, \ldots, \sigma_{m_1}^2)$. Die Dichte von t hat die in Satz 5.3 beschriebene Form. t ist also eine für Anordnungsentscheidungen über die Varianzen geeignete Statistik und ψ hat die in Abschnitt 3 beschriebene Optimaleigenschaften.

$$Q_n(\omega^2) = \inf_{\Theta\in\omega^2} \mathsf{P}(\omega^2 - K|\Theta)$$

ist eine monoton wachsende Funktion des Stichprobenumfanges n mit

$$\lim_{n\to\infty} Q_n(\omega^2) = 1.$$

B) Sind die Erwartungswerte μ_i unbekannt und $\bar{x}_{1j} = \frac{1}{n} \sum_{r=1}^{n} x_{1jr}$, so sind $\bar{s}_i^2 = \frac{1}{n-1} \sum_{r=1}^{n} (x_{1jr} - \bar{x}_{1j})^2$, $j = 1, \ldots, m_1$, zur Entscheidung geeignete Statistiken. $\frac{n-1}{\sigma_i^2} s_i^2$ hat χ^2-Verteilung mit $n - 1$ Freiheitsgraden.

In [29] sind für Spezialfälle Tabellen angegeben, mit deren Hilfe man ein kleinstes n' bestimmen kann, für das

$$Q_{n'}(\omega^2) \geqq P^*$$

gilt.

Nach [4] erschienen die bei den Beispielen zitierten Arbeiten, in denen für spezielle stetige Verteilungen ungünstigste Parameterkonfigurationen für vorgegebene Indifferenzbereiche bestimmt und Tabellen angegeben wurden. In [30] werden Anordnungsentscheidungen über Parameter von Gleichverteilungen untersucht. Besondere Schwierigkeiten bereitet die Bestimmung ungünstigster Parameterkonfigurationen bei einigen zufälligen Variablen mit diskreter Verteilung. Für Binomialverteilungen ist Θ^* in [31] näherungsweise bestimmt. Die in [31] angegebenen Tabellen sind aber für Anwendungen in der Praxis hinreichend genau. Für die Multinomialverteilung sind nur für Spezialfälle ungünstigste Parameterkonfigurationen bekannt. Probleme dieser Art werden in [32] untersucht. [33] enthält Tabellen für einen Sonderfall (Auswahl des Ereignisses mit der größten Wahrscheinlichkeit). Weitere Ergebnisse wurden in [34] und [35] genannt.

Bei praktischen Anwendungen ist oft der Typ der Verteilungsfunktion unbekannt. In solchen Fällen kann man parameterfreie Verfahren benutzen, wenn die erforderlichen Voraussetzungen erfüllt sind (vgl. [36], [37], [38], [39], [40], [41], [42], [43]).

In einigen der zitierten Arbeiten werden neben den hier beschriebenen Anordnungsentscheidungen auch solche Verfahren betrachtet, bei denen die Anzahl der ausgewählten Parameter für $M_i = 2$ nicht festgelegt wird (vgl. [44], [45], [40], [46] und [47]). Unter anderem werden betrachtet: a) die Auswahl einer Teilmenge von Parametern, die den größten Parameter (mit vorgegebener Wahrscheinlichkeit) enthält und b) die Auswahl einer Teilmenge, die alle Parameter enthält, deren Werte größer als ein Standard sind. Solche Verfahren werden in den unter Nr. [96] und [141] bis [150] in der Bibliographie [48] von H. Weinert zitierten Arbeiten untersucht. In [49] und [50] werden ebenfalls Verfahren betrachtet, bei denen ein Standard auftritt. In den unter Nr. [279], [280], [281] in [48] genannten Arbeiten wird eine andere Entscheidungsfunktion verwendet, die von den Differenzen der Statistiken abhängig ist. Übersichten über ähnliche Probleme findet man in [45], [51], [52]. Anordnungsentscheidungen bei Stichproben aus der Masse (bulk sampling) werden in [53] und [54] betrachtet.

Wir betrachten nun Dichten des in Satz 5.1 beschriebenen Typs für Θ aus der mit

$$\omega^3(e_i) = \{\Theta \in \omega^2(e_i) \mid \Theta_{ia} \geqq \underline{S} > 0\,,\ a = 1, \ldots, m_1\}$$

gebildeten Teilmenge des Parameterraumes

$$\omega^3 = \bigcup_{e \in u} \omega^3(e)\,, \qquad \omega^3(e) = \bigcap_{i \in K} \omega^3(e_i)\,.$$

Den folgenden Satz kann man anwenden, wenn $\underline{S}$ eine bekannte untere Schranke für die Θ_{1a} ist. Er ist aber auch bei Entscheidungsproblemen anwendbar, bei denen nur für hinreichend große positive Werte der Parameter eine korrekte Entscheidung gefordert wird.

Satz 5.4: *Sind die Voraussetzungen von Satz* 5.1 *erfüllt, so ist jedes* Θ^* *mit der Eigenschaft*

$$\Theta^*_{1r_a} = \underline{S} \prod_{i=j}^{M_1-1} c_j^1\,, \qquad a \in e^*_{1j}\,,\ j \in K_1 \tag{5.21}$$

für eine Permutation $(r_1, \ldots, r_{m_1}) \in R(\{1, \ldots, m_1\})$ *eine ungünstigste Parameterkonfiguration für e bezüglich* ω^3. $\mathsf{P}(\omega - K \mid \Theta^*, \eta)$ *ist für jedes* $\eta \in \mathsf{H}$ *eine nicht fallende Funktion von* $\underline{S}$ *und* c_j^1, $j \in K_1$.

Beweis: A, B) O. B. d. A. sei $\Theta \in \Omega(\cdot)$. $\mathsf{P}(\overset{\circ}{\omega} - K \mid \Theta, \eta)$ hat die Form (5.7). Wir zeigen Teilschritt B für die Folge

$$\omega_{3,r} = \{\Theta \in \omega_{2,r} \mid \Theta_{1a} \geqq \underline{S} > 0,\ a = 1, \ldots, m_1\} \text{ und } \omega'_{3,r} = \omega_{3,r} - \omega_{3r+1}\,.$$

Für $\Lambda_s = \{\langle a, b\rangle \in J_1 \mid a \leqq s\}$ gilt $\Lambda_s \supseteqq \lambda_s$, $s = 1, \ldots, m_1$. Es seien $s \in e^*_{1\alpha}$, $\Theta' \in \omega'_{3s}$, $\Theta'' \in \omega_{3s+1}$ mit $\Theta'_{1,r} = \Theta''_{1,r}$ für $r > s$. Für $\langle a, b\rangle \in \Lambda_s - \lambda_s$, $a \in e^*_{1j}$, $b \in e^*_{1,j+1}$ ist

$$\Theta_{1a} = \Theta'_{1s} \prod_{r=j}^{\alpha-1} c^1_r \quad \text{und} \quad \Theta_{1b} = \Theta'_{1,s} \prod_{r=j+1}^{\alpha-1} c^1_r\,,$$

also

$$K_{ab}(e^*, \Theta') = \left\{z \in S^{-1}_{\Theta'} T \middle| z_{1a} + \Theta'_{1s}(c^1_j - 1) \prod_{r=j+1}^{\alpha-1} c^1_r > z_{1b}\right\}.$$

Für $\langle a, b\rangle \in \lambda_s$ ist

$$K_{ab}(e^*, \Theta') = \{z \in S^{-1}_{\Theta'} T \mid z_{1a} + \Theta'_{1s} \cdot c^1_{\alpha-1} - \Theta'_{1b} > z_{1b}\}$$

oder

$$K_{ab}(e^*, \Theta') = \{z \in S^{-1}_{\Theta'} T \mid z_{1a} + \Theta'_{1s} - \Theta'_{1b} > z_{1b}\}\,.$$

Da $\Theta'_{1s} > \Theta'_{1s+1} = \Theta''_{1s+1}$ ist, gilt für alle $\langle a, b\rangle \in \Lambda_s$

$$K_{ab}(e^*, \Theta') \supseteqq K_{ab}(e^*, \Theta'') \cup L_{ab}(e^*, \Theta'') \tag{5 22}$$

v sei eine Teilmenge von J_1 mit $v \supseteqq \Lambda_s$. Teil B kann man wie bei Satz 5.1 beweisen, wenn man dort im Beweis (ab 5(.13)) λ_s durch Λ_s und (5.11) durch (5.22) ersetzt.

C') Wir zeigen nun: Für $\Theta \in \omega_{3,m_1}$ ist $\mathsf{P}(\omega^3 - K \mid \Theta, \eta)$ eine nicht fallende Funktion von Θ_{1m_1}. Für $\Theta \in \omega_{3,m_1}$, $a \in e^*_{1j}$, $b \in e^*_{1j+1}$ gilt

$$K_{ab}(e^*, \Theta) = \left\{z \in S^{-1}_{\Theta} T \mid z_{1a} + \Theta_{1m_1}(c^1_j - 1) \prod_{r=j+1}^{\alpha-1} c^1_r > z_{1b}\right\}. \tag{5.23}$$

Hieraus folgt für $\Theta^{(1)} \in \omega_{3,m_1}$, $\Theta^{(2)} \in \omega_{3,m_1}$ mit $\Theta^{(2)}_{1,r} > \Theta^{(1)}_{1r} \geqq S$

$$K_{ab}(e^*, \Theta^{(2)}) = K_{ab}(e^*, \Theta^{(1)}) \cup L_{ab}(e^*, \Theta^{(1)})\,. \tag{5.24}$$

Mit $D^{(1)}(v) = D(v)$ für $\Theta = \Theta^{(1)}$ und $D^{(2)}(v) = D(v)$ für $\Theta = \Theta^{(2)}$ folgt aus (5.24)

$$\begin{aligned} D^{(2)}(J_1) &= \bigcap_{\langle a,b\rangle \in J_1} K_{ab}(e^*, \Theta^{(2)}) \supseteqq \bigcap_{\langle a,b\rangle \in J_1} \left(K_{ab}(e^*, \Theta^{(1)}) \cup L_{ab}(e^*, \Theta^{(2)})\right) \\ &= \bigcap_{v \subseteqq J_1} \left\{\left(\bigcap_{\langle a,b\rangle \in v} K_{ab}(e^*, \Theta^{(1)})\right) \cap \left(\bigcap_{\langle a,b\rangle \in J_1 - v} L_{ab}(e^*, \Theta^{(1)})\right)\right\} \\ &= \bigcup_{v \subseteqq J_1} D^{(1)}(v)\,. \end{aligned} \tag{5.25}$$

Aus (5.25) und Satz 4.1 folgt

$$\begin{aligned} \psi(e^*, C(J_1)) \int_{D^{(2)}(J_1)} g(z, \eta)\, \mathrm{d}\mu(z) &\geqq \sum_{v \subseteqq J_1} \psi(e^*, C(J_1)) \int_{D^{(1)}(v)} g(z, \eta)\, \mathrm{d}\mu(z) \\ &\geqq \sum_{v \subseteqq J_1} \psi(e^*, C(v)) \int_{D^{(1)}(v)} g(z, \eta)\, \mathrm{d}\mu(z)\,. \end{aligned} \tag{5.26}$$

Hieraus folgt die Behauptung. Es ist

$$\Theta^*_{1a} = \underline{S} \cdot \prod_{i=j}^{M_1-1} c_i^1 \quad \text{für} \quad a \in e^*_{1j}\,, \qquad \Theta^*_{1b} = \underline{S} \prod_{i=j+1}^{M_1-1} c_i^1 \quad \text{für} \quad b \in e^*_{1j+1}\,,$$

also

$$\Theta^*_{1a} - \Theta^*_{1b} = \underline{S} \prod_{i=j+1}^{M_1-1} c_i^1 (c_j^1 - 1)\,. \tag{5.27}$$

Die im Satz zuletzt genannten Monotonieeigenschaften von $\mathsf{P}(\omega^3 - K \mid \Theta^*, \eta)$ kann man analog zeigen.

Es sei $\omega^4(e_i) = \{\Theta \in \Omega \mid 0 > \overline{S} \geqq d_j^i\, \Theta_{ia} \geqq \Theta_{ib}\,,\ a \in e_{ij},\ b \in e_{ij+1},\ j \in K_i\}$ mit $d_j^i > 1$. Für Θ aus

$$\omega^4 = \bigcup_{e \in D} \omega^4(e)\,, \qquad \omega^4(e) = \bigcap_{i \in K} \omega^4(e_i)$$

wird in Satz 5.5 ein analoges Ergebnis über negative Lageparameter angegeben.

Satz 5.5: *Sind die Voraussetzungen von Satz* 5.1 *erfüllt, so ist jedes* Θ^* *mit der Eigenschaft*

$$\Theta^*_{1r_a} = \overline{S} \cdot \prod_{i=1}^{j-1} d_i^1\,, \quad a \in e_{1j}\,, \quad j \in K_1 \tag{5.28}$$

für eine Permutation $(r_1, \ldots, r_{m_1}) \in R(\{1, \ldots, m_1\})$ *eine ungünstigste Parameterkonfiguration bezüglich* ω^4. $\mathsf{P}(\omega^4 - K \mid \Theta^*, \eta)$ *ist eine nicht fallende Funktion von* $|\overline{S}|$ *und* d_j^1, $j \in K_1$.

Beweis: Der Beweis ist dem Satz 5.4 analog mit

$$\omega_4(e_i) = \{\Theta \in R^{m_1}(\cdot) \mid 0 > \overline{S} \geqq d_j^i\, \Theta_{ia} \geqq \Theta_{ib},\ a \in e_{ij},\ b \in e_{ij+1},\ j \in K_i\}\,,$$

$$\omega_{4\cdot 1} = \bigcup_{e \in D} \bigcap_{i \in K} \omega_4(e_i)\,,$$

$$\omega_{4\cdot r+1} = \begin{cases} \{\Theta \in \omega_{4r} \mid \Theta_{1\,m_1-r}\, d_j^1 = \Theta_{1\,m_1-r+1}\} & \text{für } r = m_1 - s_{1j}\,,\ j \in K_1\,, \\ \{\Theta \in \omega_{4r} \mid \Theta_{1\,m_1-r} = \Theta_{1\,m_1-r+1}\} & \text{für } 1 \leqq r \leqq m_1\,, \\ & \quad r \neq m_1 - s_{1j} \end{cases} \tag{5.29}$$

$$\omega'_{4r} = \omega_{4\cdot r} - \omega_{4,\,r+1}\,, \qquad r = 1, \ldots, m_1 - 1\,. \tag{5.30}$$

An Stelle von Λ_s und λ_s verwendet man die in (5.35) und (5.36) definierten Mengen L_s, l_s. Man erhält

$$\Theta^*_{1a} - \Theta^*_{1b} = |\overline{S}|\,(d_j^1 - 1) \prod_{i=1}^{j-1} d_i^1$$

für $a \in e^*_{1,j}$, $b \in e^*_{1,j+1}$, $j \in K_1$.

Bemerkung: Wie in Satz 5.2 kann man auch bei den Sätzen 5.4 und 5.5 die Abhängigkeit von einem einheitlichen Skalarparameter (für alle t_{ij}) betrachten. In beiden Fällen ist $\mathsf{P}(\omega^r - K \mid \Theta^*, \eta)$ eine nicht wachsende Funktion von η.

Die Voraussetzungen der Sätze 5.4 und 5.5 sind bei Beispiel 1 erfüllt. Man erhält als ungünstigste Parameterkonfiguration bezüglich ω^3

$$\Theta_{1a} = \underline{S} \prod_{i=j}^{M_1-1} c_i^1 \quad \text{für} \quad a \in e_{i,j}$$

und als ungünstigste Parameterkonfiguration bezüglich ω^4

$$\Theta_{1a} = \overline{S} \prod_{i=1}^{j-1} d_i^1 .$$

Für $r = 3$ und $r = 4$ ist

$$Q_n(\omega^r) = \inf_{\Theta \in \omega^r} \mathsf{P}(\omega^r - K \mid \Theta, \eta)$$

monoton wachsende Funktion von

$$\frac{\sqrt{n}}{\sigma} \underline{S} \prod_{i=j+1}^{M_1-1} c_i^1 (c_j^1 - 1) = \frac{\sqrt{n}}{\sigma} \Delta_j^1 \quad \text{für} \quad r = 3$$

bzw.

$$\frac{\sqrt{n}}{\sigma} |\underline{S}| (d_j^1 - 1) \prod_{i=1}^{j-1} d_j^1 = \frac{\sqrt{n}}{\sigma} \Delta_j^1 \quad \text{für} \quad r = 4 .$$

Mit Hilfe der Tabellen aus [4], [26], [27] oder [28] kann man auch in diesen Fällen den kleinsten Stichprobenumfang n' ermitteln, für den

$$Q_n(\omega^r) \geqq P^*$$

gilt.

Durch Kombination beider Sätze erhält man leicht ein Verfahren zur Anordnung von Lageparametern nach ihrem Betrag für $\Theta \in \omega^3 \times \omega^4$.

Ändert man die Reparametrisierungsbedingungen in Beispiel 2

$$\sum_{i=1}^{a} \alpha_i = \alpha , \qquad \sum_{j=1}^{b} \beta_j = \beta ,$$

so kann man auch bei zweifacher Klassifikation die Sätze 5.4 und 5.5 anwenden. Die Teilmengen ω_a^r, ω_b^r kann man offensichtlich auch mit verschiedenen r wählen und auch in diesen Fällen aus den in [4] angegebenen Tabellen ein kleinstes n' so ermitteln, daß

$$Q_n(\omega_a^{v_1} \times \omega_b^{v_2}) \geqq P^*$$

gilt.

Es sei $\omega^5 = \bigcup_{e \in d} \bigcap_{i \in K} \omega^5(e_i)$ mit $\omega^5(e_i) = \{\Theta \in \omega^1(e_i) \mid \Theta_{1a} \leqq S , a = 1, \ldots, m_1\}$, $S > 0$.

Satz 5.6: *Die in Abschnitt 2 genannten Voraussetzungen seien erfüllt. Für* $a = 1, \ldots, m_1$ *seien* $\Theta_{1a} > 0$, $t_{1a} > 0$. $S > \Delta_1^1 + \cdots + \Delta_{M_1-1}^1$ *sei eine obere Schranke für die* Θ_{ia}. *Für* $x > 0$ *sei* $\varphi(x) > 0$, *nicht fallend und* $\ln \varphi(x)$ *konvex.* $h(t, \Theta, \eta)$ *habe die Form*

$$\frac{1}{\prod_{j=1}^{m_1} \varphi(\Theta_{ij})} g \left(\frac{t_{11}}{\varphi(\Theta_{11})}, \ldots, \frac{t_{1m_1}}{\varphi(\Theta_{1m_1})} \right).$$

Dann ist jedes Θ^* mit der Eigenschaft

$$\frac{\Theta^*_{1\,r_a}}{\Theta^*_{1\,r_b}} = \frac{S - \Delta^1_1 - \cdots - \Delta^1_{j-1}}{S - \Delta^1_1 - \cdots - \Delta^1_j}\,, \quad a \in e^*_{1j}\,, \quad b \in e^*_{1j+1}\,, \quad j \in K_1$$

für eine Permutation $(r_1, \ldots, r_{m_1}) \in R(\{1, \ldots, m_1\})$ *eine ungünstigste Parameterkonfiguration bezüglich* ω^5.

Beweis: A) O. B. d. A sei $\Theta \in \Omega(\cdot)$ Es seien

$$S_\Theta\, t = \left(\frac{t_{11}}{\varphi(\Theta_{11})}, \ldots, \frac{t_{1\,m_1}}{\varphi(\Theta_{1\,m_1})}\right), \tag{5.33}$$

$$\left.\begin{aligned} K_{ab}(e^*, \Theta, \varphi) &= \{z \in S_\Theta^{-1}\, T \mid z_{1\,a}\,\varphi(\Theta_{1\,a}) > z_{1\,b}\,\varphi(\Theta_{1\,b})\}\,, \\ L_{ab}(e^*, \Theta, \varphi) &= \{z \in S_\Theta^{-1}\, T \mid z_{1\,a}\,\varphi(\Theta_{1\,a}) = z_{1\,b}\,\varphi(\Theta_{1\,b})\}\,. \end{aligned}\right\} \tag{5.34}$$

$D(v)$ ist die mit (5.34) nach (4.6) gebildete Menge. Nach Voraussetzung kann man $\int\limits_{C(v)} h(t, \Theta, \eta)\, \mathrm{d}\mu(t)$ in der Form $\int\limits_{D(v)} g(z, \eta)\, \mathrm{d}\mu(t)$ darstellen. Es seien

$$\omega_{5,\,i} = \{\Theta \in \omega_{1,\,i} \mid \Theta_{1\,a} \leqq S\}\,.$$

$\omega_{1,\,i}$ bezeichnet die in (5.8) definierten Teilmengen. Für $m_1 + 1 - s \in e^*_{1j}$ seien

$$l_s = \{\langle a, b\rangle \in J_1 \mid ((b = m_1 + 1 - s) \wedge (b \in e^*_{1j})) \vee (a\, m_1 + 1 - s) \wedge a \in e^*_{ij})\} \tag{5.35}$$

und

$$L_s = \{\langle a, b\rangle \in J_1 \mid b \geqq m_1 + 1 - s\}\,. \tag{5.36}$$

Offensichtlich gilt $L_s \supseteqq l_s$. Es seien $\Theta' \in \omega'_{5,\,s}$, $\Theta'' \in \omega'_{5,\,s+1}$ mit $\Theta'_1 = (\Theta'_{11}, \ldots, \Theta'_{1\,m_1})$, $\Theta''_1 = (\Theta''_{11}, \ldots, \Theta''_{1\,m_1})$, $\Theta'_{1\,r} = \Theta''_{1\,r}$ für $r \leqq m_1 - s$ und $S \geqq \Theta'_{11}$. Ist $\Theta_{1\,a} \geqq \Theta'_{1\,b} > \Theta_{1\,b} > 0$, so folgt aus der Monotonie von $\varphi(x)$

$$\left\{z \,\middle|\, z_{1\,a} > z_{1\,b}\frac{\varphi(\Theta_{1\,b})}{\varphi(\Theta_{1\,a})}\right\} \supseteqq \left\{z \,\middle|\, z_{1\,a} > z_{1\,b}\frac{\varphi(\Theta_{1\,b})}{\varphi(\Theta_{1\,a})}\right\} \cup \left\{z \,\middle|\, z_{1\,a} = z_{1\,b}\frac{\varphi(\Theta_{1\,b})}{\varphi(\Theta_{1\,a})}\right\}. \tag{5.37}$$

Da $\dfrac{\varphi(x - \Delta)}{\varphi(x)}$ nicht fallend ist (vgl. [60], S. 330), gilt für $y > x > \Delta > 0$

$$\left\{z \,\middle|\, z_{1\,a} > z_{1\,b}\frac{\varphi(x - \Delta)}{\varphi(x)}\right\} \supseteqq \left\{z \,\middle|\, z_{1\,a} > z_{1\,b}\frac{\varphi(y - \Delta)}{\varphi(y)}\right\} \cup \left\{z \,\middle|\, z_{1\,a} = z_{1\,b}\frac{\varphi(y - \Delta)}{\varphi(y)}\right\}. \tag{5.38}$$

Hieraus folgt

$$K_{ab}(e^*, \Theta', \varphi) \supseteqq K_{ab}(e^*, \Theta'', \varphi) \cup L_{ab}(e^*, \Theta'', \varphi) \tag{5.39}$$

für alle $\langle a, b\rangle \in L_s - l_s$. Für $\langle a, b\rangle \in l_s$ folgt (5.39) aus (5.37). Teil B beweist man wie bei Satz 5.1.

C′) Wir zeigen nun, daß $\mathsf{P}(\omega^5 - K \mid \Theta, \eta)$ für $\Theta \in \omega_{5,\,m_1}$ eine nicht wachsende Funktion von Θ_{11} ist. Ist $\Theta \in \omega_{5,\,m_1}$, $a \in e^*_{1,\,j}$, $b \in e^*_{1,\,j+1}$, so gilt

$$K_{ab}(e^*, \Theta, \varphi) = \left\{z \,\middle|\, z_{1\,a} > z_{1\,b}\,\frac{\varphi\left(\Theta_{11} - \Delta^1_1 - \cdots - \Delta^1_j\right)}{\varphi\left(\Theta_{11} - \Delta^1_1 - \cdots - \Delta^1_{j-1}\right)}\right\}. \tag{5.40}$$

Ist $\Theta^{(1)} \in \omega_{m_1}$, $\Theta^{(2)} \in \omega_{m_1}$ und $M = \Theta^{(1)}_{11} > \Theta^{(2)}_{11}$, so folgt aus (5.40) und (5.37)

$$K_{ab}(e^*, \Theta^{(2)}, \varphi) \supseteqq K_{ab}(e^*, \Theta^{(1)}, \varphi) \cup L_{ab}(e^*, \Theta^{(1)}, \varphi)\,. \tag{5.41}$$

Hieraus erhält man die Teilbehauptung C′ wie bei Satz 5.4 ((5.24) bis (5.26)).

Die Voraussetzungen von Satz 5.6 sind z. B. bei Entscheidungen über die Varianzen unabhängiger zufälliger Variabler mit Normalverteilung und bei Entscheidungen über die Erwartungswerte unabhängiger zufälliger Variabler mit Exponentialverteilung erfüllt, wenn man die bekannten erschöpfenden Statistiken als t_{ij} verwendet. Bei praktischen Anwendungen sucht man häufig die Variablen mit den kleinsten Parameterwerten. Satz 5.6 kann man anwenden, wenn S eine bekannte obere Schranke ist. Er ist aber auch bei solchen Entscheidungsproblemen anwendbar, bei denen nur für kleine Werte der Parameter eine korrekte Entscheidung gefordert wird.

Die Voraussetzungen von Satz 5.6 sind bei Beispiel 4 erfüllt. Mit Hilfe der in [29] angegebenen Tabellen kann man auch für $\Theta \in \omega^5$ ein kleinstes n' ermitteln, für das

$$Q_{n'}(\omega^5) \geqq P^*$$

gilt.

6. Ungünstigste Parameterkonfigurationen für Anordnungsentscheidungen bei unbekanntem Störparameter

Ist der Wert von η nicht bekannt, so kann man die in (5.1.C) beschriebene Forderung im allgemeinen nicht durch geeignete Wahl des Stichprobenumfanges erfüllen. Für spezielle Probleme dieser Art wurden in den letzten Jahren zweistufige und sequentielle Verfahren untersucht (vgl. [43], [55], [56] [57], [58]). In [59] sind zusätzliche Tabellen für das zweistufige Verfahren von Bechhofer, Dunnet und Sobel [55] angegeben. Außerdem enthält [59] einen numerischen Vergleich des zur Erfüllung von $Q_{n'}(\omega^1) \geqq P^*$ für $k = 1$ und $m_1 = 3$ erforderlichen Stichprobenumfanges n' mit dem Erwartungswert $\mathsf{E}(n)$ für das zweistufige Verfahren. Eine Übersicht findet man in [11]. Durch die Anwendung sequentieller Verfahren hofft man, die Anzahl der erforderlichen Meßwerte zu verkleinern. In der Praxis kann man sequentielle Verfahren oft nicht anwenden, weil die Entscheidung bis zu einem festen Termin gefällt werden muß, der mehrere, nacheinander durchgeführte Versuche nicht ermöglicht. Das kann zum Beispiel eintreten, wenn die Parameter ökonomische Kennziffern sind, die nur einmal im Jahr ermittelt werden. Bei landwirtschaftlichen Versuchen gewinnt man Daten häufig erst nach einjähriger Vorbereitung. Bei pädagogischen Untersuchungen kann man die Schulversuche oft erst nach einem Jahr unter gleichen Bedingungen wiederholen.

Es gibt verschiedene Möglichkeiten, Anordnungsentscheidungen durch die Wahl geeigneter Verlustfunktionen zu beurteilen, die wir für einen allgemeinen Fall und für ein spezielles Beispiel diskutieren. Wir betrachten zuerst Verlustfunktionen, bei denen $1 - R(\psi, \Theta, \eta)$ Wahrscheinlichkeiten einer korrekten Entscheidung ist.

Für $j = 1, \ldots, m_1$ seien Θ_{1j} Lageparameter von t_{1j} und $\eta/q(n)$ Skalaparameter von t_{1j}. η ist eine unbekannte positive Konstante. $Q(n)$ sei für $n > 0$ eine nichtnegative und (echt) monoton wachsende Funktion des Stichprobenumfanges n.

A. Enthält H ein Intervall $\mathsf{H}^1 = (a, b]$ mit $a \geqq 0$ und setzt man

$$V(e, \Theta, \eta) = \begin{cases} 1, & \text{wenn } \eta \in \mathsf{H}^1 \text{ und für ein } e' \in D,\ e' \neq e \text{ gilt } \Theta \in \omega^1(e'), \\ 0 & \text{sonst}, \end{cases} \tag{6.1}$$

so erhält man

$$R(\psi, \Theta, \eta/q(n)) = 1 - \int_T \psi(e, t, y)\, h(t, \Theta, \eta)\, \mathrm{d}\mu(t)\,. \tag{6.2}$$

Wie in Abschnitt 5 setzen wir

$$\mathsf{P}(\omega^1 \times \mathsf{H}^1 - K \mid \Theta, \eta/q(n)) = \int_T \psi(e, t, y)\, h(t, \Theta, \eta)\, \mathrm{d}\mu(t)\,. \tag{6.3}$$

Existiert für festes $\omega^1 \times \mathsf{H}^1$ und jedes n ein (Θ^*, η^*) derart, daß

$$\mathsf{P}(\omega^1 \times \mathsf{H}^1 - K \mid \Theta^*, \eta^*/q(n)) = \inf_{(\Theta, \eta) \in \omega^1 \times \mathsf{H}^1} \mathsf{P}(\omega^1 \times \mathsf{H}^1 - K \mid \Theta, \eta/q(n))\,,$$

so heißt (Θ^*, η^*) *ungünstigste Parameterkonfiguration* bezüglich $\omega^1 \times \mathsf{H}^1$. Im betrachteten Fall kann man $\mathsf{P}(\omega^1 \times \mathsf{H}^1 - K \mid \Theta, \eta/q(n))$ in der Form

$$\sum_{v \subseteqq J_1} \psi(e^*, C(v)) \int_{D(v)} g(z)\, \mathrm{d}\mu(z) \tag{6.4}$$

darstellen, wobei $D(v)$ mit

$$\left.\begin{aligned} K_{ab}(e^*, \Theta) &= \left\{ z \in S_\Theta^{-1} S_x^{-1} T \;\middle|\; z_{1a} + \frac{\Theta_{1a} - \Theta_{1b}}{\eta} q(n) > z_{1b} \right\}, \\ L_{ab}(e^*, \Theta) &= \left\{ z \in S_\Theta^{-1} S_x^{-1} T \;\middle|\; z_{1a} + \frac{\Theta_{1a} - \Theta_{1b}}{\eta} q(n) = z_{1b} \right\}, \end{aligned}\right\} \tag{6.5}$$

und $x\, q(n) = \eta$ gebildet ist. Wir setzen außerdem voraus, daß μ und $g(z)$ von n unabhängig sind. Diese Annahmen sind bei Beispiel 1 aus Abschnitt 5 mit $q(n) = \sqrt{n}$ und $\eta = \sigma$ erfüllt. Mit Hilfe der in den Beweisen von Satz 5.1 und Satz 5.2 verwendeten Schlüsse kann man leicht zeigen, daß jedes (Θ^*, η^*) mit

$$\eta^* = b \quad \text{und} \quad \Theta^*_{1r_a} - \Theta^*_{1r_b} = \Delta^1_j\,, \quad a \in e^*_{1j}\,, \quad b \in e^*_{1,j+1}\,, \quad j \in K_1 \tag{6.6}$$

für eine Permutation $(r_1, \ldots, r_{m_1}) \in R(\{1, \ldots, m_1\})$ eine ungünstigste Parameterkonfiguration bezüglich $\omega^1 \times \mathsf{H}^1$ ist. In der gleichen Weise kann man zeigen, daß

$$Q_n(\omega^1 \times \mathsf{H}^1) = \inf_{(\Theta, \eta) \in \omega^1 \times \mathsf{H}^1} \mathsf{P}(\omega^1 \times \mathsf{H}^1 - K \mid \Theta, \eta/q(n)) \tag{6.7}$$

eine nicht fallende Funktion von n und Δ^1_j und eine nicht wachsende Funktion von b (vgl. (6.1)) ist.

Bei Beispiel 1 (σ unbekannt) erhält man

$$\inf_{(\Theta,\eta) \in \omega^1 \times \mathsf{H}^1} \mathsf{P}(\omega^1 \times \mathsf{H}^1 - K \mid \Theta, \sigma/\sqrt{n}) = \mathsf{P}(\omega^1 \times \mathsf{H}^1 - K \mid \Theta^*, b/\sqrt{n}) \tag{6.8}$$

und kann mit Hilfe der in [4] angegebenen Tabellen ein kleinstes n derart bestimmen, daß

$$Q_n(\omega^1 \times \mathsf{H}^1) = \inf_{(\Theta,\eta) \in \omega^1 \times \mathsf{H}^1} \mathsf{P}(\omega^1 \times \mathsf{H}^1 - K \mid \Theta, \sigma/\sqrt{n}) \geqq P^*\,. \tag{6.9}$$

B. Es sei H die Menge aller positiven reellen Zahlen und $\mathsf{H}^1 = (a, b] \subseteqq \mathsf{H}$. Für jedes $i \in K$ und jedes $j \in K_i$ seien f_{ij} reellwertige differenzierbare Funktionen mit Definitionsbereich H^1 und $f_{ij}(x) > 0$ sowie $\frac{x}{f_{ij}(x)} \frac{d}{dx} f_{ij}(x) < 1$ für jedes $x \in \mathsf{H}^1$. Wir setzen

$$\omega^6(e_1) = \{\Theta \in \Omega \mid \Theta_{1a} \geqq \Theta_{1b} + f_{ij}(\eta),\ a \in e_{ij},\ b \in e_{i,j+1},\ j \in K_i\}\ ,$$

$$\omega^6 = \bigcup_{e \in D} \bigcap_{i \in K} \omega^6(e_i)$$

$$\omega^7(e_i) = \left\{\Theta \in \Omega \mid \Theta_{1a} \geqq \Theta_{1b} + \frac{f_{ij}(b)}{b}\eta,\ a \in e_{ij},\ b \in e_{i,j+1},\ j \in K_i\right\}$$

und

$$\omega^7 = \bigcup_{e \in D} \bigcap_{i \in K} \omega^7(e_i)\ .$$

Da aus den Voraussetzungen $f_{ij}(x) \geqq \frac{f_{ij}(b)}{b} x$ folgt, gilt

$$\omega^6 \subseteqq \omega^7\ . \tag{6.10}$$

Wir wollen $\inf\limits_{(\Theta,\eta) \in \omega^6 \times \mathsf{H}^1} \mathsf{P}(\omega^6 \times \mathsf{H}^1 - K \mid \Theta, \eta/q(n))$ bestimmen. Setzt man für festes $\eta \in \mathsf{H}^1$ in Satz 5.2

$$\Delta_j^i = \frac{f_{ij}(b)}{b}\eta$$

und ersetzt (entsprechend den im Teil A von Abschnitt 6 gewählten Bezeichnungen) den Skalaparameter durch $\eta/q(n)$, so erhält man

$$\inf_{\Theta \in \omega^7} \mathsf{P}_7\left(\omega^7 - K \mid \Theta, \eta/q(n)\right) = \mathsf{P}_7\left(\omega^7 - K \mid \Theta^*, \eta/q(n)\right)\ . \tag{6.11}$$

Für Θ^* gilt

$$\Theta^*_{1a} - \Theta^*_{1b} = \frac{f_{ij}(b)}{b}\eta\ , \quad a \in e^*_{1j}, \quad b \in e^*_{1,j+1}, \quad j \in K_1\ .$$

Es seien $x\, q(n) = \eta$,

$$\left.\begin{aligned} K_{ab}(e^*, \Theta) &= \left\{z \in S_\Theta^{-1} S_x^{-1} T \mid z_{1a} + \frac{\Theta_{1a} - \Theta_{1b}}{\eta} q(n) > z_{1b}\right\}, \\ &\text{und} \\ L_{ab}(e^*, \Theta) &= \left\{z \in S^{-1} S_x^{-1} T \mid z_{1a} + \frac{\Theta_{1a} - \Theta_{1b}}{\eta} q(n) = z_{1b}\right\}. \end{aligned}\right\} \tag{6.12}$$

Für jedes $v \subseteqq J_1$ bezeichnet $E(v)$ die mit (6.12) wie im Beweis von Satz 5.1 gebildeten Mengen für Θ und $E'(v)$ diese Mengen für Θ^*. Damit gilt

$$\mathsf{P}_7\left(\omega^7 - K \mid \Theta, \eta/q(n)\right) = \sum_{v \subseteqq J_1} \psi(e^*, C(v)) \int_{E(v)} g(z)\, d\mu(z)\ .$$

Für Θ^* gehen die Bedingungen aus Θ_{ab} und L_{ab} in

$$z_{1a} + \frac{f_{1j}(b)}{b} q(n) > z_{1b}\ , \qquad z_{1a} + \frac{f_{1j}(b)}{b} q(n) = z_{1b} \tag{6.13}$$

über. Sie sind also unabhängig von η. Folglich ist auch

$$\mathsf{P}_7\left(\omega^7 - K \mid \Theta, \eta/q(n)\right) = \sum_{v \subseteqq J_1} \psi(e^*, C(v)) \int_{E'(v)} g(z)\, d\mu(z) \tag{6.14}$$

von η unabhängig.

Setzt man für festes $\eta \in \mathsf{H}^1$ in Satz 5.2

$$\Delta^i_j = f_{ij}(\eta)\,,$$

so erhält man

$$\inf_{\Theta \in \omega^6} \mathsf{P}_6\left(\omega^6 - K \mid \Theta, \eta/q(n)\right) = \mathsf{P}_6\left(\omega^6 - K \mid \Theta^{**}, \eta/q(n)\right)$$

mit

$$\Theta^{**}_{1\,a} - \Theta^{**}_{1\,b} = f_{1j}(\eta)\,, \quad a \in e_{1j}\,, \quad b \in e_{1,j+1}, \quad j \in K_1\,.$$

Transformation nach (6.12) führt auf

$$\mathsf{P}_6\left(\omega^6 - K \mid \Theta, \eta/q(n)\right) = \sum_{v \subseteqq J_1} \psi(e^*, C(v)) \int_{E(v)} g(z)\, d\mu(z)$$

und für Θ^{**} und $\eta = b$

$$\mathsf{P}_6\left(\omega^6 - K \mid \Theta^{**}, b/q(n)\right) = \mathsf{P}_7\left(\omega^7 - K \mid \Theta^*, \eta/q(n)\right)\,. \tag{6.15}$$

Mit Hilfe dieser Vorüberlegungen wollen wir nun eine ungünstigste Parameterkonfiguration für $\omega^6 \times \mathsf{H}^1$ bestimmen. Es sei

$$V(e, \Theta, \eta) = \begin{cases} 1\,, & \text{wenn } \eta \in \mathsf{H}^1 \text{ und für eine } e' \in D,\ e' \neq e \text{ gilt } \Theta \in \omega^6(e')\,, \\ 0 & \text{sonst.} \end{cases} \tag{6.16}$$

Man erhält

$$\begin{aligned} &\inf_{(\Theta,\eta) \in \omega^6 \times \mathsf{H}^1} \mathsf{P}\left(\omega^6 \times \mathsf{H}^1 - K \mid \Theta, \eta/q(n)\right) \\ &\geqq \inf_{(\Theta,\eta) \in \omega^7 \times \mathsf{H}^1} \mathsf{P}\left(\omega^6 \times \mathsf{H}^1 - K \mid \Theta, \eta/q(n)\right) \text{ nach (6.10)}, \\ &\geqq \inf_{(\Theta,\eta) \in \omega^7 \times \mathsf{H}^1} \mathsf{P}\left(\omega - K \mid \Theta^*, \eta/q(n)\right) \text{ nach (6.11)}, \\ &= \mathsf{P}_6\left(\omega - K \mid \Theta^{**}, b/q(n)\right) \text{ nach (6.15)}. \end{aligned}$$

Es ist $(\Theta^{**}, b) \in \omega^6 \times \mathsf{H}^1$. Folglich ist (Θ^{**}, b) eine ungünstigste Parameterkonfiguration bezüglich $\omega^6 \times \mathsf{H}^1$. Setzt man $f_{ij}(x) = \delta_{ij}\, x$, so sind die Bedingungen (6.13) auch von b unabhängig. Außerdem gilt in diesem Fall $\omega^6 = \omega^7$. Wir setzen für $f_{ij}(x) = \delta_{ij}\, x$:

$$V(e, \Theta, \eta) = \begin{cases} 1, & \text{wenn } \eta \in \mathsf{H} \text{ und für ein } e' \in D,\ e' \neq e \text{ gilt } \Theta \in \omega^6(e')\,, \\ 0 & \text{sonst.} \end{cases} \tag{6.17}$$

Eine ungünstigste Parameterkonfiguration für diesen Fall ist

$$\Theta^{***}_{1\,a} - \Theta^{***}_{1\,b} = \delta_{ij}\, \eta\,, \quad a \in e_{1j}\,, \quad b \in e_{1,j+1}\,, \quad j \in K_1\,.$$

$\mathsf{P}(\omega^6 \times \mathsf{H} - K \mid \Theta^{***}, \eta/q(n)$ ist von η unabhängig. Diese Verlustfunktion kann man bei solchen Anwendungen wählen, bei denen η eine natürliche Einheit ist.

Gelten die Voraussetzungen von Beispiel 1 (σ unbekannt), so erhält man

$$\inf_{(\Theta,\eta)\in\omega^6\times \mathsf{H}^1} \mathsf{P}\,(\omega^6\times\mathsf{H}^1 - K \mid \Theta, \sigma/\sqrt{n}) = \mathsf{P}\,(\omega^6\times\mathsf{H}^1 - K \mid \Theta^{**}, b/\sqrt{n})\,.$$

Auch bei den unter B. betrachteten Fällen kann man mit Hilfe der in [4] angegebenen Tabellen ein kleinstes η derart bestimmen, daß

$$Q_n\,(\omega^6\times\mathsf{H}^1) = \inf_{(\Theta,\,\eta)\in\omega^6\times\mathsf{H}^1} \mathsf{P}\,\big(\omega^6\times\mathsf{H}^1 - K \mid \Theta, \sigma/\sqrt{n}\big) \geqq P^*\,.$$

Bei manchen Anwendungen wird man eine *allgemeinere Verlustfunktion* wählen müssen und statt: Wähle n derart, daß $\mathsf{P}\,(\omega^1\times\mathsf{H}^1 - K \mid \Theta, \eta) \geqq P^*$ für jedes $(\Theta, \eta) \in \omega^1\times\mathsf{H}^1$ gilt, fordern: Wähle n derart, daß

$$R(\psi, \Theta, \eta) \leqq R^* \text{ für jedes } (\Theta, \eta) \in \omega'\times\mathsf{H}'\,. \tag{6.18}$$

Wir geben im folgenden zwei einfache Beispiele an, bei denen man auch bei etwas allgemeinerer Verlustfunktion n mit Hilfe der in [4] angegebenen Tabellen so bestimmen kann, daß (6.18) erfüllt ist. Wenn die vor (6.1) genannten Voraussetzungen gelten, wird man häufig fordern, daß die Entscheidungen mit hoher Wahrscheinlichkeit korrekt sind, wenn der Wert von η klein ist, während man für große Werte von η diese Forderung nicht stellt. Dieser Situation kann man die folgende Verlustfunktion anpassen.

C. $g_1, g_2, \ldots, g_c$ sind positive „Gewichte" $(1/|D| \leqq 1 - R/g_i < 1,\ i = 1, \ldots, c)$. Für $\sigma_0 > \sigma_1 > \cdots > \sigma_c > 0$ sei $\mathsf{H}' = [\sigma_c, \sigma_0] \subseteqq \mathsf{H}$ und $\mathsf{H}^i = (\sigma_i, \sigma_{i-1}]$. Die Verlustfunktion

$$V(e, \Theta, \eta) = \begin{cases} g_i, & \text{wenn } \eta \in \mathsf{H}^i \text{ und für ein } e' \subset D,\ e' \neq e \text{ gilt } \Theta \in \omega^1\,, \\ 0 & \text{sonst,} \end{cases} \tag{6.19}$$

erfüllt die in Abschnitt 2 genannten Voraussetzungen und Annahme 1. Für $\Theta \in \omega^1(e)$ und $\eta \in \mathsf{H}^i$ ist

$$R(\psi, \Theta, \eta) = g_i\Big(1 - \int_T \psi(e, t, y)\, h(t, \Theta, \eta)\, d\mu(t)\Big) \tag{6.20}$$

und

$$\sup_{(\Theta,\,\eta)\in\omega^1\times\mathsf{H}^1} R(\psi, \Theta, \eta) = g_i\,(1 - \inf_{(\Theta,\,\eta)\in\omega^1\times\mathsf{H}^1} \mathsf{P}\,\big(\omega^1\times\mathsf{H}^i - K \mid \Theta, \eta/q(n)\big)\,.$$

Es gilt also

$$\sup_{(\Theta,\,\eta)\in\omega^1\times\mathsf{H}'} R(\psi, \Theta, \eta) = \operatorname*{Max}_{1\leq i\leq c} \big(g_i\,(1 - \mathsf{P}\,(\omega^1\times\mathsf{H}' - K \mid \Theta^*, \sigma_{i-1}/q(n)\big)\,. \tag{6.21}$$

Gelten die Voraussetzungen von Beispiel 1 (σ unbekannt), so kann man mit Hilfe der in [4] angegebenen Tabellen für jedes $i \in \{1, \ldots, c\}$ ein kleinstes n_i derart bestimmen, daß

$$\mathsf{P}\,(\omega^1\times\mathsf{H}^i - K \mid \Theta^*, \sigma^{i-1}/\sqrt{n}) \geqq P_i^* = 1 - \frac{R^*}{g_i}\,.$$

$n = \operatorname{Max}\,(n_1, \ldots, n_c)$ ist dann kleinster Stichprobenumfang, für den (6.9) erfüllt ist.

Die Gewichte g_i kann man unter Beachtung von

$$\frac{1}{|D|} \leqq 1 - \frac{R^*}{g_i} < 1\,, \qquad i = 1, \ldots, c$$

natürlich auch anderen praktischen Bedingungen anpassen.

D. Ist η Varianz des Versuchsfehlers (wie in Beispiel 1), so kann man die Forderung, auch bei großem σ mit hoher Wahrscheinlichkeit korrekt zu entscheiden, zum Beispiel wie folgt berücksichtigen. Es sei

$$\omega^7 = \{\Theta \in \omega^1 \mid \Delta^i_j = \varrho_{ij} \cdot \eta\}\,, \qquad \overline{M} > 0 \quad \text{und}$$

$\mathsf{H}^1 = \{\eta \in \mathsf{H} \mid \eta < \overline{M}\}$. $S(x)$ bezeichnet eine meßbare, nichtnegative und nichtfallende Funktion von x. Die Verlustfunktion

$$V(e, \Theta, \eta) = \begin{cases} S(\eta), & \text{wenn } \eta \in \mathsf{H}^1 \text{ und wenn für ein } e' \in D\,, \\ & \qquad e' \neq e \text{ gilt } \Theta \in \omega^7(e')\,, \\ 0 & \text{sonst} \end{cases} \tag{6.22}$$

erfüllt die in Abschnitt 2 genannten Voraussetzungen und Annahme 1. Mit (6.22) erhält man für $(\Theta, \eta) \in \omega^1(e) \times \mathsf{H}^1$ für den o. g. Fall

$$R(\psi, \Theta, \eta) = S(\overline{M})\Big(1 - \int_T \psi(e, t, y)\, h(t, \Theta, \eta)\, \mathrm{d}\mu(t)\Big)$$

und

$$\sup_{(\Theta,\eta)} R(\psi, \Theta, \eta) = S(\overline{M})\,\big(1 - \mathsf{P}\,(\omega^7 \times \mathsf{H}^1 - K \mid \Theta^*, \overline{M}/q(n))\big)\,.$$

Ist $R(1/|D| \leqq 1 - R^*/g(\overline{M}) < 1)$ eine vorgegebene obere Schranke für das Risiko $R(\psi, \Theta, \eta)$, so kann man aus den Tabellen in [4] (bzw. [23]) ein kleinstes n derart bestimmen, daß

$$R(\psi, \Theta, \eta) \leqq R^*\,,$$

wenn die Voraussetzungen von Beispiel 1 erfüllt sind (σ unbekannt). Man wählt n derart, daß

$$\mathsf{P}\,(\omega \times \mathsf{H}^1 - K \mid \Theta^*, \overline{M}/\sqrt{n}) \geqq P^* = 1 - \frac{R^*}{g(\overline{M})}\,.$$

Die in diesem Abschnitt betrachteten Entscheidungsprobleme lassen sich verallgemeinern a) für $k \neq 1$, b) andere Voraussetzungen über die Verteilung von t, z. B. völlig analog für die in den Sätzen 5.4 und 5.5 beschriebenen Fälle bei unbekanntem η, c) weitere spezielle Verteilungen, für die bereits Tabellen existieren.

7. Abschließende Bemerkungen

Entscheidungen über die Anordnung von unbekannten Parametern nach ihrer Größe auf der Grundlage von Meßwerten werden in der Praxis häufig gefällt. Mitunter werden sie noch ohne Anwendung von Methoden der Mathematischen Statistik gefällt. Ihre Sicherheit wird dabei oft überschätzt. Unterschiedliche Versuchsbedingungen, Kosten, Termine, Vorkenntnisse über den

Typ der Verteilungsfunktion usw. bei Anwendungen in verschiedenen Wissenschaften erfordern die Untersuchung zahlreicher ähnlicher Probleme.

Solchen Bedingungen kann die man die betrachteten Verfahren durch Änderung der Verlustfunktion anpassen. Wir beschreiben eine Verallgemeinerung der Interpretation der e_i für den Fall $M_i = 2$. Es seien p_i und q_i ganze Zahlen, für die

$$1 \leqq p_i \leqq m_i - 1\,, \quad 1 \leqq q_i \leqq m_j - 1\,,$$
$$p_i \leqq \min(s_{i1}, q_i) \quad \text{und} \quad s_{i1} + q_i - m_i < p_i$$

gelten (vgl. (2.7)). Der Zerlegung $e_i = \{e_{i1}, e_{i2}\}$ von $\{1, \ldots, m_i\}$ wird die Teilentscheidung über Θ_i zugeordnet, daß e_{i1} wenigstens p_i der zu den q_i größten Θ_{ij}, $j = 1, \ldots, m_i$ gehörigen zweiten Indizes enthält. Für Probleme dieser Art bestimmte MAHAMUNULU ([61], [62]) ungünstigste Parameterkonfigurationen für $k = 1$ und Statistiken mit absolut stetigen Verteilungsfunktionen. Es interessieren insbesondere:

A) $p_i = q_i < s_{i1}$, e_{i1} enthält die Indizes der q_i größten Θ_{ij},
und

b) $p_i = s_{i1} < q_i$, e_{i1} enthält die Indizes von s_{i1} der q_i größten Θ_{ij}.

Solche Entscheidungen dienen bei längeren Versuchen zur Aussonderung von Variablen mit kleinen Werten der Parameter Θ_{ij} bzw. hinreichend vielen Variablen mit großen Θ_{ij}. Für $M_i = 2$, $a \in e_{i1}$, $b \in e_{i2}$ und $\Theta_{ia} \geqq \Theta_{ib}$ ist e auch bei dieser Verlustfunktion nicht schlechter als $(a, b)_i\, e$. Der Fall $p_i = q_i = s_{i1}$ entspricht der nach Definition von e in Abschnitt 2 beschriebenen Standardinterpretation für $M_i = 2$. Die in [61] und [62] abgeleiteten Ergebnisse für Statistiken mit absolut stetiger Verteilungsfunktion hat der Verfasser verallgemeinert ([25]).

Spezielle Versuchsbedingungen treten bei Beobachtungen in r-Tubeln auf. Solche Verfahren wendet man unter anderem an, a) wenn die betrachteten Parameter in r-Tubeln definiert und nur in r-Tubeln geschätzt werden können (Leistungen in einer Mannschaft, einem Kollektiv usw.) b), wenn auf diese Weise Funktionen der Parameter geschätzt werden können, während die Parameter selbst nicht oder nur ungenau geschätzt werden können. Besonders häufig werden Paarvergleiche in der Pädagogik und der Psychologie benutzt. Sie sind oft geeigneter und sicherer als andere Verfahren der Mathematischen Statistik, wenn nur subjektive Beobachtung durch Gutachter möglich ist (vgl. [63], [64], [65], [66], [67], [68], [69]). Eine Optimaleigenschaft der natürlichen Entscheidungsfunktion ψ für das sogenannte Reihensummenverfahren findet man in [12]. Tabellen sind in [70] enthalten.

Weitere spezielle Ergebnisse über Anordnungsentscheidungen bei unterschiedlichen Modellen findet man in den Arbeiten [71], [72], [73], [74], [75], [76], [77], [78]).

Im allgemeinen wird man beim Vergleich verschiedener Methoden, Leistungen usw. mehrere Eigenschaften beachten müssen. Man muß die Werte von mehrdimensionalen zufälligen Variablen beobachten und gleichzeitig oder in mehreren Stufen über die Anordnung der zugehörigen Parameter entscheiden. In der Praxis braucht man oft statistische Verfahren dieser Art zur Vorbereitung von Leitungsentscheidungen, bei denen zusätzliche Nebenbedingungen und zeitabhängige Größen berücksichtigt werden können. Entscheidungen über Parameter mehrdimensionaler zufälliger Variabler führt man in der Praxis oft auf die in dieser Arbeit betrachteten Probleme zurück, indem man nach den Werten meßbarer Funktionen der Parameter ordnet. In [80] wird die Abstandsfunktion von Mahanalobis (vgl. [81]) benutzt.

Herrn Prof. Dr. O. Bunke (Humboldt-Universität zu Berlin) danke ich für die Anregungen und wertvolle Hinweise bei der Anfertigung dieser Arbeit.

Literatur

[1] Lehmann, E. L.: On a theorem of Bahadur and Goodmann. Ann. math. Statist. **37**, 1–6 (1966).
[2] Eaton, M. L.: Some optimum properties of ranking procedures. Ann. math. Statist. **38**, 124–137 (1967).
[3] Foltys, H.: Optimale Entscheidungsfunktionen für die Anordnung von Parametern nach ihrer Größe. Operationsforschung und Mathematische Statistik I. Berlin, 1968, 77–94.
[4] Bechhofer, R. E.: A single-sample multiple decision procedure for ranking means of normal populations with known variances. Ann. math. Statist. **25**, 16–39 (1954).
[5] Bunke, O.: Einige Hilfsmittel zur Lösung statistischer Probleme bei der linearen und nichtlinearen Optimierung. Monatsber. der Deutsch. Akad. Wiss. **8**, 699 –703 (1966).
[6] Bunke, O.: Einige statistische Probleme und Methoden bei der linearen und nichtlinearen Optimierung. Operationsforschung und Mathematische Statistik I. Berlin 1968, 19–34.
[7] Sarkadi, K.: Estimation after selection, Stud. Sci. Math. Hungar. **2**, 341–350 (1967).
[8] Rubinstein, D.: Estimation of failure rates of systems in development. Ann. math. Statist. **32**, S. 924 (1964).
[9] Alam, K.: A two-sample estimate of the largest mean. Ann. math. Statist. **38**, 271–283 (1967).
[10] Lehmann, E. L.: Ordered families of distributions. Ann. math. Statist. **26**, 399–419 (1955).
[11] Bechhofer, E. R., J. Kiefer and M. Sobel: Sequential identification and ranking procedures. The University of Chicago Press, Chicago and London, 1968.
[12] Huber, P. J.: Pairwise comparison and ranking: optimum properties of the row sum procedure. Ann. math. Statist. **34**, 511–520 (1963).
[13] Wald, A.: Statistical decision functions. New York, 1950.
[14] Blackwell, D. and M. A. Girshik: Theory of games and statistical decisions. New York 1954.
[15] Bierlein, P.: Zur Einbeziehung der Erfahrung in spieltheoretische Modelle. Operations Research-Verfahren **3**, (1967).
[16] Bunke, O.: Bedingte Strategien in der Spieltheorie: Existenzsätze und Anwendung auf statistische Entscheidungsfunktionen. Trans. Third Prague Conf. Information Theory, Statist. Decision Functions, Random Processes, Prag 1964.
[17] Schneeweiss, H.: Entscheidungskriterien bei Risiko, Berlin 1967.
[18] Bernard, G.: Optimale Strategien unter Ungewißheit, Statist. Hefte **9**, 82–99 (1968).
[19] Chernoff, H. and L. E. Moses: Elementary decision theory, New York 1959.
[20] Jeffrey, R. C.. Logik der Entscheidungen, Wien 1967.
[21] Menges, G.: Bibliographie zur statistischen Entscheidungslehre, Köln 1969.

[22] Dunnet, C. W.: On selecting the largest of k normal populations means. J. Roy. statist. Soc., Ser. B. **22**, 1–40 (1960).

[23] Guttmann, I. and G. C. Tiao: A Bayesian approach to some best population problems. Ann. math. Statist. **35**, 825–835 (1964).

[24] Foltys, H.: Optimale Anordnungsentscheidungen bei Berücksichtigung von Störparametern und Anwendungen in der Varianzanalyse. Vortrag im Seminar über Math. Statistik an der Humboldt-Universität zu Berlin, Juni 1968.

[25] Foltys, H.: Entscheidungen über die Anordnung zufälliger Variabler nach der Größe ihrer Parameter bei unbekanntem Störparameter. 2. Tagung Mathematik und Kybernetik in der Ökonomie. Freiberg 1968, 17–20.

[26] Fabian, V.: Statistische Methoden, Berlin 1968.

[27] Gupta, S. S.: On a decision rule for a problem in ranking means. Inst. Statist. Mimeographs, Ser. No. **150**, University of North Carolina, 1956.

[28] Gupta, S. S. and M. Sobel: On selecting a subset which contains all populations better than a standard. Ann. math. Statist. **29**, 235–244 (1958).

[29] Bechhofer, R. E. and M. Sobel: A single-sample multiple decision procedure for ranking variances of normal populations. Ann. math. Statist. **25**, 273–289 (1954).

[30] Barr, D. R. and M. H. Rizvi: Ranking and selection problems of uniform distributions. Trabajos Estadíst. **17**, 15–31 (1966).

[31] Huyett, M. J. and M. Sobel: Selecting the best one of several binomial populations. Bell System techn. J. **36**, 537–576 (1957).

[32] Gupta, S. S. and K. Nagel: On selection and ranking procedures and order statistics from the multinomial distribution. (Abstract) Ann. math. Statist. **39**, 304 (1968).

[33] Bechhofer, R. E., S. Elmaghraby and N. Morse: A sindle-sample multiple-decision procedure for selecting the multinomial event which has the highest probability. Ann. math. Statist. **30**, 102–119 (1959).

[34] Alam, K.: On selecting the largest category. (Abstract.) Ann. math. Statist. **38**, 634–635 (1967).

[35] Nagel, K.: In selecting a subset containing the best of several discrete populations. (Abstract.) Ann. math. Statist. **37**, 543 (1966).

[36] Bhapkar, V. P.: A nonparametric test for the problem of several samples. Ann. math. Statist. **32**, 1108–1117 (1961).

[37] Lehmann, E. L.: A class of selection procedures based an ranks. Math. Ann. **150**, 268–275 (1963).

[38] Despande, J. V.: A nonparametric test based on U-statistics for the problem of several samples. J. Indian statist. Assoc. **32**, 20–29 (1965).

[39] Sobel, M.: Nonparametric procedures for selecting the t populations with the largest α-quantiles. Ann. math. Statist. **38**, 1804–1816 (1967).

[40] Rizvi, H. and M. Sobel: Nonparametric procedures for selecting a subset containing the population with the largest α-quantile. Ann. math. Statist. **38**, 1788–1803 (1967).

[41] Bartlett, N. S. and Z. Govindarajulu: Some distributions-free statistics and their application to the selection problem. Ann. Inst. statist. Math. **20**, 79–97 (1968).

[42] Bhapkar, V. P. and J. V. Deshpande: Some nonparametric tests for multisample problems. Technometrics, **10**, 578–585 (1968).

[43] Srivastava, M. S. and J. Ogilvie: The performance of some sequential procedures for a ranking problem. Ann. math. Statist. **39**, 1040–1047 (1968).

[44] Guttman, I.: Best populations and tolerance regions. Ann. Inst. statist. Math. **13**, 9–26 (1961/62).

[45] Gupta, S. S.: On some multiple decision (selection and ranking) rules. Technometrics **7**, 225–245 (1965).

[46] Bartlett, N. S. and Govindaralajulu: Selecting a subset containing the best hypergeometric population. (Abstract.) Ann. math. Statist. **38**, 14 (1967).

[47] PATEL, K. J.: Selecting a subset containing the best one of several IFRA populations. (Abstract.) Ann. math. Statist. **38**, 28 (1967).

[48] WEINERT, H.: Bibliographie über Optimierungsprobleme unter Ungewißheit. Operationsforschung und Math. Statistik I, Berlin 1968, 137–151.

[49] PAULSON, E.: On the comparison of several experimentel categories with a control. Ann. math. Statist. **23**, 239–246 (1952).

[50] LUKASZEWICZ, J. and W. SADOWSKI: On comparing several populations with a control population. Zastos. Mat. **5**, 309–320 (1960/61).

[51] LEHMANN, E. L.: A theory of some multiple decision problems, I. Ann. math. Statist. **28**, 1–25 (1957).

[52] LEHMANN, E. L.: Some model I problems of selection. Ann. math. Statist. **32**, 990–1012 (1961).

[53] BECHHOFER, R. E.: A two sample subsampling procedure for ranking means of finite populations with an application to bulk sampling problems. Technometrics **9**, 335–364 (1967).

[54] CHATTERJEE, S.: A programming algerithm and its statistical application. Techn. Rep. No 1. Department of Statistics. Havard University (1966).

[55] BECHHOFER, R. E., C. W. DUNNET and M. SOBEL: A two-sample multiple-decision procedure for ranking means of normal populations with a common unknown variance. Biometrika **41**, 170–176 (1954).

[56] GUTTMANN, I.: A sequential procedure for the best population. Sankhya, Ser. A. **25**, 25–28 (1963).

[57] PAULSON, E.: Sequential procedures for selecting the best of several binomial populations. Ann. math. Statist. **38**, 117–123 (1967).

[58] ROBBINS, H., M. SOBEL and N. STARR: A sequential procedure for lelecting the largest of k means. Ann. math. Statist. **39**, 88–92 (1968).

[59] MAURICE, R.: Multivariate t and the ranking problem. Biometrika **54**, 305–308 (1967).

[60] LEHMANN, E. L.: Testing statistical hypotheses, New York 1959.

[61] MAHAMUNULU, D. M.: A class of ranking and selection procedures (preliminary report). Ann. math. Statist. **36**, 728 (1965).

[62] MAHAMUNULU, D. M.: Some fixis-sample ranking and selection problems. Ann. math. Statist. **38**, 1079–1091 (1967).

[63] MAURICE, R.: Selection of the population with the largest mean when comparisons can be made anly on pairs. Biometrika **45**, 581–586 (1958).

[64] BRUNK, H. D.: Mathematical models for ranking from paired comparisons. J. Amer. statist. Assoc. **55**, 503–5220 (1960).

[65] BRADLEY, R. A. and R. N. PENDERGRAN: Ranking in triple comparisons. Bull. Inst. internat. Statist. **37**, 229–241 (1960).

[66] BÜHLMANN, H. and P. J. HUBER: Pairwise comparison and ranking in tournaments. Ann. math. Statist. **34**, 501–510 (1963).

[67] TRAVINSKI, B. J. and H. A. DAVID: Selection of the best treatment in a paired-comparison experiment. Ann. math. Statist. **34**, 75–91 (1963).

[68] HUBER, P. J.: A remark on a Paper of TRAVINSKI and DAVID, entitled: Selection of the best treatment in a paired comparison experiment. Ann. math. Statist. **34**, 92–94 (1963).

[69] THOMPSON, W. A. and R. REMAGE: Rankings from paired comparison. Ann. math. Statist. **35**, 739–747 (1964).

[70] TOBACH, E. and M. R. G. SMITH: A table for making rank sum multiple paired comparisons. Technometrics **9**, 561–567 (1967).

[71] ZINGER, A.: On the choice of the best a mongst three normal populations with known variances. Biometrika **45**, 436–446 (1958).

[72] ZINGER, A.: Dedestion of best and autlying normal population with known variances. Biometrika **48**, 457–461 (1961).
[73] GUTTMAN, I.: Best populations and tolerance regions. Ann. Inst. statist. Math. **13**, 9 26 (1961/62).
[74] STUDDEN: On selecting a subset of k populations containing the best. Ann. math. Statist. **38**, 1072–1078 (1967).
[75] MAHAMUNULU, D. M.: A selection problem. (Abstract.) Ann. math. Statist. **38**, 26 (1967).
[76] FAIRWATHER, W. R.: Some extensions of Sommerville's procedure for ranking means of normal populations. (Abstract.) Ann. math. Statist. **38**, 18 (1967).
[77] RAO, P. V.: On a k-sample model of CONOVER. (Abstract.) Ann. math. Statist. **38**, 32 (1967).
[78] EATON, M. L.: The generalized variance: testing and ranking problem. Ann. math. Statist. **38**, 941–943 (1967).
[79] FABIAN, V.: An multiple decision methods for ranking population means. Ann. math. Statist. **33**, 248–254 (1962).
[80] ALAM, K. and H. RIZVI: Selection from multivariate normal populations. Ann. Inst. statist. Math. **18**, 307–318 (1966).
[81] KENDALL, M. G. and A. STUART: The advanced theory of statistics. London, Vol. I (1967), Vol. III (1966).

Die Konfidenzintervallmethode zur Konstruktion zweistufiger Tests mit vorgegebenen Irrtumswahrscheinlichkeiten erster und zweiter Art

Von J. Grimm[1])

Für das Prüfen einer monotonen Hypothese gegen eine monotone Alternative wird ein zweistufiger Test zu vorgegebenen Schranken für die Irrtumswahrscheinlichkeiten erster und zweiter Art α und $1 - \beta$ konstruiert, bei welchem gegenüber den optimalen einstufigen Tests, deren Schranken für die Irrtumswahrscheinlichkeiten erster und zweiter Art α^* und $1 - \beta^*$ die Bedingungen $\alpha^* < \alpha$ und $1 - \beta^* < 1 - \beta$ erfüllen, Beobachtungen gespart werden können.

1. Problemstellung und Prinzip des Verfahrens

Mit Hilfe einer Teststatistik T, welche eine reelle zufällige Variable mit der Wahrscheinlichkeitsverteilung P_θ ist, wird ein zweistufiges Testverfahren für das Prüfen einer monotonen Hypothese $H : \theta < \theta_0$ gegen eine monotone Alternative $\overline{H} : \theta \geqq \theta$ $(\theta_1 > \theta_0)$ gesucht, bei welchem gegenüber dem optimalen einstufigen Verfahren Beobachtungen gespart werden können.

Wenn wir mit M den Stichprobenumfang bezeichnen, der bei einem optimalen einstufigen Testverfahren mit der Teststatistik T_M und dem kritischen Bereich W_M notwendig ist, um vorgegebene Schranken für die Irrtumswahrscheinlichkeiten erster bzw. zweiter Art α^* bzw. $1 - \beta^*$ zu erhalten, so besteht das Prinzip des zweistufigen Verfahrens darin, daß man unter Verwendung desselben kritischen Bereiches wie für den Test vom Stichprobenumfang M so wie derselben Teststatistik T für jedes θ das kleinste $N(\theta) \leqq M$ bestimmt, so daß die Schranken für die Irrtumswahrscheinlichkeiten erhalten bleiben, d. h. wenn W_M der kritische Bereich für den Test vom festen Stichprobenumfang M ist und θ z. B. ein beliebiger Parameter ist, für welchen $\theta \geqq \theta_0$ gilt, so wird das kleinste $N(\theta) \leqq M$ gewählt, so daß $\mathsf{P}_\theta\,(T_N \in W_M) \leqq \alpha^*$ gilt. Entsprechend wird $N(\theta)$ für jedes $\theta \geqq \theta_1$ so bestimmt, daß $\mathsf{P}_\theta\,(T_N \in W_M) \geqq \beta^*$ wird. Im Bereich $\{\theta : \theta_0 < \theta < \theta_1\}$ wird $N(\theta) = M$ gesetzt.

In der ersten Stufe des Verfahrens wird die Lage des wahren Parameters durch ein Konfidenzintervall $I_y = [y_1, y_2]$ geschätzt. Dann wird der Stichprobenumfang N für den Test dadurch bestimmt, daß man in Abhängigkeit

[1]) Sektion Mathematik der Humboldt-Universität Berlin.

von der Lage des Konfidenzintervalles für θ in die Funktion $N(\theta)$ die untere oder obere Grenze des Konfidenzintervalles einsetzt oder $N(\theta) = M$ setzt.

Aus der Darstellung des Prinzips des Verfahrens entnimmt man sofort, daß für gewisse Parameter gegenüber dem einstufigen Verfahren mit dem festen Stichprobenumfang M Beobachtungen gespart werden könnten.

2. Entwicklung des Verfahrens

Wir werden nun das obengenannte Problem ausführlich behandeln. Dazu benötigen wir einige Voraussetzungen, die wir gemäß ihrer Reihenfolge mit (V1), (V2), ... bezeichnen werden.

(V1) *Es existiert eine Statistik* T_N *(N ist dabei die Anzahl der Beobachtungen, die in die Statistik eingehen), welche eine Dichte bezüglich des Lebesgueschen Maßes und einen monotonen Likelihood-Quotienten bezüglich* θ *besitzt.*

Zum Prüfen der Hypothese $H : \theta \leqq \theta_0$ gegen die Alternative $\overline{H} : \theta \geqq \theta_1$ $(\theta_0 < \theta_1)$ wird der einstufige Test mit dem kritischen Bereich $T_M \geqq K(M, \alpha^*, \beta^*)$ verwendet.

Weiterhin sei noch die Voraussetzung (V2) erfüllt.

(V2) (a) *Es gibt eine im Bereich* $\theta \leqq \theta_0$ *definierte monoton nicht fallende Funktion* $n_1(\theta)$, *so daß die Wahrscheinlichkeit* $\mathsf{P}_\theta\left(T_N \geqq K(M, \alpha^*, \beta^*)\right)$ *monoton fallend in N für alle* $\theta \leqq \theta_0$ *und* $N \geqq n_1(\theta)$ *ist.*

(b) *Es gibt eine im Bereich* $\theta \geqq \theta_1$ *definierte monoton nicht wachsende Funktion* $n_2(\theta)$, *so daß die Wahrscheinlichkeit* $P_\theta\left(T_N \geqq K(M, \alpha^*, \beta^*)\right)$ *monoton wachsend in N für alle* $\theta \geqq \theta_1$ *und für* $N \geqq n_2(\theta)$ *ist.*

Wir werden nun zur Abkürzung

$$G(\theta, N) = \mathsf{P}_\theta\left(T_N \geqq K(M, \alpha^*, \beta^*)\right) \tag{3}$$

setzen und die auf Grund unserer bisherigen Voraussetzungen erhaltenen Eigenschaften der Funktion (3) zusammenfassen.

(A) Es ist $G(\theta, N)$ monoton fallend in N für alle $\theta \geqq \theta_0$ und $N \geqq n_1(\theta)$.
(B) Es ist $G(\theta, N)$ monoton wachsend in N für alle $\theta \geqq \theta_1$ und $N \geqq n_2(\theta)$.
(C) Es ist $G(\theta, N)$ bei festem N monoton nicht fallend in θ.

Es wird noch eine weitere Voraussetzung (V3) benötigt:

(V3) *Es sei*

$$M > \max\left\{\sup_{\theta \leqq \theta_0} n_1(\theta)\ ,\ \sup_{\theta \leqq \theta_1} n_2(\theta)\right\}.$$

Auf Grund unserer Voraussetzungen können wir ein zweistufiges Testverfahren konstruieren, durch das insbesondere für Parameter, die hinreichend weit links von θ_0 und hinreichend weit rechts von θ_1 liegen, eine Verringerung des mittleren Stichprobenumfanges gegenüber dem einstufigen Verfahren erreicht werden könnte. Da das Verfahren unter allgemeinen Voraussetzungen konstruiert wird, muß es als ein Vorschlag für die Untersuchung von Spezialfällen betrachtet werden.

Bezeichnen wir dabei die Schranken für die Fehler 1. und 2. Art des zweistufigen Verfahrens mit α und $1 - \beta$, die des einstufigen Verfahrens mit α^* und $1 - \beta^*$, so müssen α und β die Bedingungen $\alpha^* < \alpha$ und $\beta^* > \beta$ erfüllen.

Grundlagen für das Verfahren:

Beweis: Es wird zunächst die in 1 beschriebene Funktion $N(\theta)$ konstruiert. Für jedes $\theta \leqq \theta_0$ berechnen wir die kleinste natürliche Zahl $N(\theta) \geqq n_1(\theta)$, für welche die Beziehungen $G(\theta, N(\theta)) \leqq \alpha^*$ gilt. Entsprechend wird für jedes $\theta \geqq \theta_1$ die kleinste natürliche Zahl $N(\theta) \geqq n_2(\theta)$, für welche die Beziehung $G(\theta, N(\theta)) \geqq \beta^*$ gilt, bestimmt. Für $\theta \in (\theta_0, \theta_1)$ wird $N(\theta) = M$ gesetzt. Auf diese Weise erhalten wir eine Funktion $N(\theta)$, welche auf Grund der Monotonieeigenschaften (A), (B), (C) von (3) die folgenden Eigenschaften aufweist. (Der Beweis dieser Eigenschaften entspricht den Beweisen in [2].) Für alle $\theta = \theta_0$ ist $N(\theta)$ eine monoton nicht fallende Funktion und für alle $\theta \geqq \theta_1$ eine monoton nicht wachsende Funktion.

Wenn man den wahren Parameter θ kennen würde, würden $N(\theta)$ Beobachtungen genügen, um zu erreichen, daß die Beziehungen

$$G(\theta, N(\theta)) \leqq \alpha^* \text{ (bei } \theta \leqq \theta_0) ,$$

$$G(\theta, N(\theta)) \geqq \beta^* \text{ (bei } \theta \geqq \theta_1)$$

gelten.

Diese Überlegungen sind ausschlaggebend für die Konstruktion unseres zweistufigen Testverfahrens.

Wir wählen in der ersten Stufe ein zweiseitiges endliches Konfidenzintervall $I_y = [y_1, y_2]$ zum Konfidenzkoeffizienten $1 - \gamma$, mit dessen Hilfe wir die Lage des wahren Parameters schätzen. Dabei seien die Verteilungen der Statistiken y_1 und y_2 unabhängig von der der für den Test verwendeten Statistik T_N (für jedes N).

Wir werden dann den Stichprobenumfang für den Test nach den folgenden Regeln bestimmen.

Für $y_2 \leqq \theta_0$ wird $N(y_2)$ als Stichprobenumfang für den Test gewählt, für $y_1 \geqq \theta_1$ wird $N(y_1)$ als Stichprobenumfang für den Test gewählt. In allen übrigen Fällen wird $N = M$ gewählt. Nachdem dann N Beobachtungen vorliegen, wird als kritischer Bereich für diese Beobachtungen der Bereich $\{T_N \geqq K\}$ gewählt.

Wenn der wahre Parameter $\theta \leqq \theta_0$ ist, erhält man für die Gütefunktion die folgende Abschätzung:

$$\begin{aligned} \mathsf{P}_\theta (T_N \geqq K) &= \mathsf{P}_\theta (T_N \geqq K \mid \theta \in I_y) \, \mathsf{P} (\theta \in I_y) + \mathsf{P}_\theta (T_N \geqq K \mid \theta \bar{\in} I_y) \, \mathsf{P} (\theta \bar{\in} I_y) \\ &\leqq \alpha^* (1 - \gamma) + \gamma = \alpha^* + \gamma (1 - \alpha^*) . \end{aligned}$$

Hinreichend dafür, daß $\mathsf{P}_\theta (T_N \geqq K) \leqq \alpha$ für $\theta \leqq \theta_0$ wird, ist also die Bedingung

$$\alpha^* + \gamma (1 - \alpha^*) \leqq \alpha . \tag{4}$$

Entsprechend erhält man für $\theta \geqq \theta_1$ die Abschätzung

$$\begin{aligned} \mathsf{P}_\theta (T_N \geqq K) &= \mathsf{P}_\theta (T \geqq K \mid \theta \in I_y) \, \mathsf{P} (\theta \in I_y) + \mathsf{P}_\theta (T_N \geqq K \mid \theta \bar{\in} I_y) \, \mathsf{P} (\theta \in I_y) \\ &\geqq (1 - \gamma) \, \beta^* . \end{aligned}$$

Folglich muß

$$\beta^* (1 - \gamma) \geqq \beta \tag{5}$$

gelten.

Aus (4) und (5) folgt für den Konfidenzkoeffizienten die Forderung

$$\gamma \leqq \min \left\{\frac{\alpha - \alpha^*}{1 - \alpha^*}, \quad 1 - \frac{\beta}{\beta^*}\right\}. \tag{6}$$

Aus der Konstruktion des Verfahrens ergibt sich, wenn der Stichprobenumfang für die 1. Stufe klein ist, die anfangs gemachte Aussage über den Gesamtstichprobenumfang. (Die Aussage ist für spezielle Irrtumswahrscheinlichkeiten bei der Normalverteilung überprüft worden.)

Wir wollen noch folgendes bemerken:

Bemerkung 1: Wenn es für die Funktion $G(\theta, N)$ eine asymptotische Näherung $H(\theta, N)$ gibt, so kann man diese zur Konstruktion der Funktion $N(\theta)$ benutzen, indem man die ursprünglichen Schranken der Irrtumswahrscheinlichkeiten für die Fehler erster und zweiter Art α^* und $1 - \beta^*$ durch geeignete Schranken für die Näherung α_1^* und $1 - \beta_1^*$ ersetzt.

Beweis der Bemerkung: Wenn es für $G(\theta, N)$ eine asymptotische Näherung $H(\theta, N)$ gibt, so heißt das, daß es zu jedem ε ein $n_0(\varepsilon)$ gibt, so daß für $N \geqq n_0(\varepsilon)$ und für alle θ die Beziehung

$$H(\theta, N) \in \big(G(\theta, N) - \varepsilon, G(\theta, N) \in \varepsilon\big) \tag{7}$$

gilt.

Aus (7) erkennt man, daß man bei Verwendung der asymptotischen Näherung die Schranken beider Irrtumswahrscheinlichkeiten für $N \geqq n_0(\varepsilon)$ höchstens um ε vergrößert. Berücksichtigt man das, indem man statt α^* und β^* die Werte $\alpha_1^* = \alpha^* - \varepsilon$ und $\beta_1^* = \beta^* + \varepsilon$ verwendet, so bleiben die Schranken für die ursprünglichen Irrtumswahrscheinlichkeiten der Fehler erster und zweiter Art α^* und $1 - \beta^*$ erhalten und man kann bei der Konstruktion des Verfahrens mit der asymptotischen Näherung $H(\theta, N)$ von $G(\theta, N)$ rechnen. Es genügt dann, die Voraussetzungen (V2), (V3) (bzw. die Eigenschaften C) des Satzes für die Funktion $H(\theta, N)$ nachzuprüfen und die Funktion $N(\theta)$ mit der asymptotischen Näherung zu konstruieren. Dabei muß im Bereich $\theta \leqq \theta_0$ die Beziehung $N \geqq \max\{n_0(\varepsilon), n_1(\theta)\}$ gelten und im Bereich $\theta \geqq \theta_1$ die Beziehung $N \geqq \max\{n_0(\varepsilon), n_2(\theta)\}$. Außerdem müssen die Bedingungen $\varepsilon < \min(\alpha^*, 1 - \beta^*)$, $n(\varepsilon) < M$ erfüllt sein.

3. Beispiele bekannter Verteilungen, welche die Voraussetzungen des Verfahrens erfüllen

1. Normalverteilung mit bekannter Varianz:

Es seien $x_1, \ldots, x_N$ unabhängige Beobachtungen, die einer nach $N(\mu, \sigma^2)$ verteilten Grundgesamtheit entnommen sind. Es wird die Hypothese $\overline{H}$: $\mu \leqq \mu_0$ gegen die Alternative $\overline{\overline{H}} : \mu \geqq \mu_1$ geprüft. Dabei wird vorausgesetzt, daß der Parameter σ^2 bekannt ist. Die Statistik $T_N = \frac{1}{N} \sum_{i=1}^{N} x_i$ ist eine konsistente Schätzung des Parameters μ, welche (V1) erfüllt, und der Test mit dem kritischen Bereich $\{T_N \geqq K_\alpha\}$ ist ein gleichmäßig bester Test.

Die Funktion $G(\mu, N)$ hat hier die Gestalt

$$\mathsf{P}(T_N \geqq K) = \mathsf{P}\left(\frac{T_N - \mu}{\sigma}\sqrt{N} \geqq \frac{K - \mu}{\sigma}\sqrt{N}\right) = \Phi\left(\frac{\mu \cdot K}{\sigma}\sqrt{N}\right),$$

wobei Φ die Verteilungsfunktion der standardisierten Normalverteilung ist.

Wenn die Schranken α^*, $1 - \beta^*$ der Irrtumswahrscheinlichkeiten für die Fehler erster und zweiter Art für einen einstufigen Test mit dem Stichprobenumfang M kleiner als 0,5 sein sollen, muß

$$\Phi\left(\frac{\mu - K}{\sigma}\sqrt{M}\right) < 0{,}5 \quad \text{für} \quad \mu \leqq \mu_0$$

und

$$\Phi\left(\frac{\mu - K}{\sigma}\sqrt{M}\right) > 0{,}5 \quad \text{für} \quad \mu \geqq \mu_1$$

gelten, woraus

$$\mu - K < 0 \quad \text{für} \quad \mu \leqq \mu_0$$

und

$$\mu - K > 0 \quad \text{für} \quad \mu \geqq \mu_1$$

bzw.

$$\mu_0 < K < \mu_1$$

folgt.

Wir zeigen jetzt, daß die Voraussetzung (V2) (a) erfüllt ist, wenn die Schranken der Irrtumsgeschwindigkeiten 1. bzw. 2. Art die Bedingungen $\alpha^* < 0{,}5$ und $1 - \beta^* < 0{,}5$ erfüllen. Da die Beziehung $\mu - K < 0$ für $\mu \leqq \mu_0$ gilt, erkennt man sofort aus der Darstellung von $G(\mu, N)$, daß (V2) (a) mit $n_1(\mu) \equiv 0$ erfüllt ist. Entsprechend wird gezeigt, daß (V2) (b) mit $n_2(\mu) \equiv 0$ erfüllt ist. (V4) ist dann trivialer Weise erfüllt. Daher kann unser Verfahren durchgeführt werden.

Für den Mittelwert einer Normalverteilung, deren Varianz bekannt ist, ist ein zweiseitiges endliches Konfidenzintervall zum Konfidenzkoeffizienten $1 - \gamma$ durch das Intervall

$$I = \left[T_m - \frac{\sigma}{\sqrt{m}} K_{1-\gamma_2};\quad T_m + \frac{\sigma}{\sqrt{m}} K_{1-\gamma_2}\right]$$

gegeben. Dabei ist die Statistik T_m entsprechend wie die Statistik T_N definiert und die in sie eingehenden Beobachtungen sind eine Vorstichprobe, deren Verteilung von der der Statistik T_N unabhängig ist. Die Konstante $K_{1-\gamma/2}$ ist durch die Beziehung

$$\Phi\,(K_{1-\gamma/2}) = 1 - \frac{\gamma}{2}$$

definiert.

2. Exponentialverteilung:

Es sei $x_1, \ldots, x_N$ eine Stichprobe, die einer exponentiell verteilten Grundgesamtheit entnommen ist, d. h. die zufälligen Variablen X_i besitzen eine Dichte $f_\theta(x)$ bezüglich des Lebesgueschen Maßes, wobei $f_\theta(x)$ die Gestalt

$$f_\theta(x) = \begin{cases} \frac{1}{\theta}\, e^{-x/\theta}, & \text{falls } x > 0, \\ 0 & \text{sonst} \end{cases}$$

hat.

Bekanntlich ist durch die Statistik $T_N = \frac{1}{N} \sum_{i=1}^{N} x_i$ eine konsistente Schätzung des Parameters θ und durch den Test mit dem kritischen Bereich $\{T_N \geqq K_\alpha\}$ ein gleichmäßig bester Test gegeben. Weiterhin ist bekannt, daß die zufällige Varibale $\frac{2}{\theta} \sum_{i=1}^{N} x_i = \chi^2_{2N}$ eine χ^2-Verteilung mit $2N$ Freiheitsgraden besitzt. Die Voraussetzung (V1) ist erfüllt.

Da es nicht gelungen ist, die Voraussetzung (V2) exakt nachzuweisen, wird sie asymptotisch nachgewiesen (s. Bem. 1).[1] Dabei wird als Näherung für die Verteilung der zufälligen Variablen χ^2_{2N} eine Normalverteilung mit Mittelwert $2N$ und Varianz $4N$ benützt. Es wird für diese Näherung die Voraussetzung (V2) (a) unter den Bedingungen $\alpha^* < 0{,}5$ und $1 - \beta^* > 0{,}5$ nachgeprüft, (V2) (b) zeigt man entsprechend. Es gilt

$$G(\theta, N) = \mathsf{P}_\theta\left(\frac{1}{N} \sum_{i=1}^{N} x_i \geqq K\right) = \mathsf{P}\left(\frac{2}{\theta} \sum_{i=1}^{N} x_i - 2N \geqq \frac{2}{\theta}(K - \theta)\, N\right) =$$

$$= \mathsf{P}\left(\chi^2_{2N} \geqq \frac{2}{\theta}(K - \theta)\, N + 2N\right) \approx \Phi\left(\frac{\theta - K}{\theta} \sqrt{N}\right),$$

wobei Φ die Verteilungsfunktion der standardisierten Normalverteilung ist. Man kann sofort aus der obigen Darstellung der Gütefunktion für festes N ablesen, daß wenn die Schranken beider Irrtumswahrscheinlichkeiten α^* und $1 - \beta^*$ kleiner als 0,5 werden sollen, bei der asymptotischen Näherung $K \in (\theta_0, \theta_1)$ sein muß. Für $\theta \leqq \theta_0$ und $K \in (\theta_0, \theta_1)$ ist (V2) (a) mit $n_0(\theta) \equiv 0$ asymptotisch erfüllt. Damit sind die Voraussetzungen unseres Verfahrens, wenn die Schranken der Irrtumswahrscheinlichkeiten 1. und 2. Art α^* und $1 - \beta^*$ kleiner als 0,5 sind asymptotisch erfüllt und unser Verfahren ist anwendbar.

Ein Konfidenzintervall zum Konfidenzkoeffizienten $1 - \gamma$ für den Parameter θ ist bekanntlich das Intervall

$$I = \left[\frac{2}{\chi^2_{2m, 1-\frac{\gamma}{2}}} \sum_{i=1}^{m} x_{i0}\,, \quad \frac{2}{\chi^2_{2m, \frac{\gamma}{2}}} \sum_{i=1}^{m} x_{i0}\right].$$

Dabei ist $\sum_{i=1}^{m} x_{i0}$ die Statistik einer Vorstichprobe aus der Grundgesamtheit, deren Verteilung unabhängig von der Verteilung der für den Test verwendeten Statistik $\sum_{i=1}^{N} x_i$ ist.

Die Konstante $\chi^2_{2m, 1-\frac{\gamma}{2}}$ ist durch die Beziehung

$$\mathsf{P}\left(\chi^2_{2m} < \chi^2_{2m, 1-\frac{\gamma}{2}}\right) = 1 - \frac{\gamma}{2}$$

definiert, $\chi^2_{2m, \frac{\gamma}{2}}$ ist entsprechend definiert.

---

[1]) Auf Grund des Normalapproximationssatzes (s. Loève: "Probability Theory" S. 288) gilt die Bemerkung 1 für die Normalverteilung, und man kann hier wie in den nachfolgenden Beispielen mit den asymptotischen Näherungen durch die Normalverteilung rechnen, d. h. die Konstanten K, den Stichprobenumfang M sowie die Funktion $N(\theta)$ auf Grund der Näherung durch die Normalverteilung berechnen.

3. Lineare Hypothese:

Es seien x_{ij} unabhängig verteilte zufällige Variable, welche den folgenden Verteilungsgesetzen genügen

$$x_{ij}:\begin{cases} N(\theta_i, \sigma^2) & \text{für } i = 1, \ldots, s, \\ N(0, \sigma^2) & \text{für } i = s+1, \ldots, p. \end{cases} \quad j = 1, \ldots, N$$

Es wird eine Hypothese $H: \psi^2 \leqq \psi_0^2$ gegen eine Alternative $\bar{H}: \psi^2 \geqq \psi_1^2$ $\times(\psi_1^2 > \psi_0^2)$ über den Nichtzentralitätsparameter $\psi^2 = \sum_{i=1}^{r} \frac{\theta_i^2}{\sigma^2}$, $r < s$ geprüft.

Als Teststatistik wird die Statistik $T = F_N^* = \frac{u}{\frac{1}{N\,p - s}\, s^2}$ verwendet, wobei

$$u = \sum_{i=1}^{r} \bar{x}_{i(N)}^2, \qquad \bar{x}_{i(N)} = \frac{1}{N} \sum_{j=1}^{N} x_{ij},$$

$$s^2 = \sum_{i=1}^{s} \sum_{j=1}^{N} (x_{ij} - \bar{x}_{i(N)})^2 + \sum_{i=s+1}^{p} \sum_{j=1}^{N} x_{ij}^2$$

ist.

F_N^* ist als stetige Funktion konsistenter Schätzungen eine konsistente Schätzung des Nichtzentralitätsparameters und der Test mit dem kritischen Bereich $\{F_N^* \geqq K_\alpha\}$ ist ein gleichmäßig bester Test. Die Voraussetzung (V1) ist erfüllt.

Es wird gezeigt, daß die Voraussetzung (V2) asymptotisch erfüllt ist, indem Näherungen für die Verteilungen des Zählers und des Nenners von F_N^* benützt werden.

Bekanntlich besitzt die zufällige Variable $\frac{1}{\sigma^2} N\, u$ eine χ_r^2-Verteilung mit dem Nichtzentralitätsparameter $\delta = \sqrt{N}\,\psi = \sqrt{N}\sqrt{\frac{1}{\sigma^2}\sum_{i=1}^{r} \theta_i^2}$ und $\frac{1}{\sigma^2} \cdot s^2$ ist nach einer zentralen $\chi_{N\,p-s}^2$-Verteilung verteilt. Beide Variablen sind stochastisch unabhängig.

Man kann bekanntlich das Verteilungsgesetz einer nichtzentralen χ^2-verteilten zufälligen Variablen $\chi_{\nu,\delta}^2$ durch das einer zufälligen Variablen $c\,\chi_{\tilde{\nu}}^2$ annähern, wobei sich c und $\tilde{\nu}$ aus den Gleichungen

$$c\,\tilde{\nu} = \nu + \delta^2, \qquad c^2\,\tilde{\nu} = \nu + 2\,\delta^2$$

ergeben. Weiterhin ist bekanntlich eine $\chi^2\,\nu$-verteilte Zufallsvariable asymptotisch normal verteilt mit dem Mittelwert ν und der Varianz $2\,\nu$.

Indem wir die soeben angegebenen Näherungen benützen, können wir die oben angegebene Wahrscheinlichkeit in eine Wahrscheinlichkeit für eine nach der standardisierten Normalverteilung verteilte zufällige Variable Z umformen

$$\mathsf{P}_{\psi^2}(F_N^* \geqq K) = \mathsf{P}\left(Z \geqq \frac{N(K - \psi^2) - r}{\sqrt{2\,r + 4\,N\,\psi^2 + 2\,\frac{N^2\,K^2}{N\,p - s}}}\right). \tag{8}$$

Wir beweisen zunächst, daß unter der Annahme $K \in (\psi_0^2, \psi_1^2)$ stets die Voraussetzungen unseres Satzes erfüllt sind. Es wird noch gezeigt werden, daß für hinreichend kleine Schranken der Irrtumswahrscheinlichkeiten 1. und 2. Art α^* und $1 - \beta^*$ stets $K \in (\psi_0^2, \psi_1^2)$ sein muß.

Zu zeigen ist, daß es eine Funktion $n_1(\psi^2)$ mit den in der Voraussetzung (V2) (a) angegebenen Eigenschaften gibt und daß der Ausdruck

$$B = \frac{N(K - \psi^2) - r}{\sqrt{2r + 4N\psi^2 + 2\frac{N^2 K^2}{Np - s}}}$$

für $N \geqq n_1(\psi^2)$ monoton wachsend N ist. Schreibt man den Ausdruck B um, so gilt

$$B = \left[(K - \psi^2) - \frac{r}{N}\right] \cdot \frac{1}{\sqrt{\frac{2r}{N^2} + 4\frac{\psi^2}{N} + 2\frac{K^2}{Np - s}}}. \tag{8'}$$

In (8') ist B für $K \in (\psi_0^2, \psi_1^2)$, $\psi^2 \leqq \psi_0^2$ und $N \geqq \frac{r}{K - \psi^2} = n_1(\psi^2)$, wie man sofort sieht, als Produkt von zwei in N monoton wachsenden positiven Funktionen darstellt und folglich monoton wachsend in N für $N \geqq n_1(\psi^2)$.

Daher ist (V2) (a) asymptotisch erfüllt.

Betrachten wir nun den Fall $\psi^2 \geqq \psi_1^2$.

Der Produktdarstellung (8') kann man wieder entnehmen, daß der erste Faktor, als Funktion von N betrachtet, für $N \geqq \frac{r}{\psi^2 - K} = n_2(\psi^2)$ monoton fallend in N und negativ ist. Der zweite Faktor ist wieder monoton wachsend in N und positiv. Folglich ist das Produkt der beiden Funktionen für $N \geqq \frac{r}{\psi^2 - K} = n_2(\psi^2)$ monoton fallend in N. Daher ist (V2) (b) asymptotisch erfüllt.

Weiterhin gilt

$$\max_{\psi^2 \leqq \psi_0^2} n_1(\psi^2) = n_1(\psi_0^2) = \frac{r}{K - \psi_0^2}$$

und

$$\max_{\psi^2 \leqq \psi_1^2} n_2(\psi^2) = n_2(\psi_1^2) = \frac{r}{K - \psi_1^2}.$$

Für hinreichend kleine Irrtumswahrscheinlichkeiten bzw. hinreichend große M ist die Voraussetzung (V4) immer erfüllbar. Damit sind die Voraussetzungen unseres Satzes erfüllt und unser Verfahren ist anwendbar.

Es bleibt also noch zu zeigen, daß für hinreichend kleine Schranken beider Irrtumswahrscheinlichkeiten α^* und $1 - \beta^*$ stets $K \in (\psi_0^2, \psi_1^2)$ sein muß.

Weil F_N^* eine konsistente Schätzung des Nichtzentralitätsparameters ψ^2 ist, ist klar, daß für hinreichend kleine Schranken der Irrtumswahrscheinlichkeiten 1. und 2. Art α^* und $1 - \beta^*$ für den diesen Schranken entsprechenden optimalen Test vom festen Stichprobenumfang M, stets $K \in [\psi_0^2, \psi_1^2]$ sein muß.

Wir zeigen zuerst, daß, wenn $\alpha^* < 0{,}5$ sein soll, die Beziehungen $K > \psi_0^2$, $M > \frac{r}{K - \psi_0^2}$ gelten müssen.

Die Beziehung $\alpha^* < 0{,}5$ ist auf Grund der Darstellung (8) äquivalent mit $M(K - \psi_0^2) - r > 0$, woraus sofort $K > \psi_0^2$, $M > \frac{r}{K - \psi_0^2}$ folgt.

(Auf Grund der Monotonie der Gütefunktion in ψ^2 bei einem Test vom festen Stichprobenumfang M genügt es, die Gütefunktion im Punkt ψ_0^2 zu betrachten.)

Es bleibt noch zu zeigen, daß nicht $K = \psi_1^2$ sein kann. Dazu nehmen wir an, daß doch $K = \psi_1^2$ für hinreichend kleine Schranken beider Irrtumswahrscheinlichkeiten sein kann.

Es gelten aber für $K = \psi_1^2$ und für $M = N$ die Beziehungen

$$\mathsf{P}\,\psi_1^2\,(F^* \geqq \psi_1^2) \approx \mathsf{P}\left(Z \geqq \frac{N\,(\psi_1^2 - \psi_1^2) - r}{\sqrt{2\,r + 4\,N\,\psi_1^2 + 2\,\dfrac{\psi_1^4\,N^2}{N\,p - s}}}\right),$$

$$\lim_{N \to \infty} \mathsf{P}\left(Z \geqq \frac{N\,(\psi_1^2 - \psi_1^2) - r}{\sqrt{2\,r + 4\,N\,\psi_1^2 + 2\,\dfrac{\psi_1^4\,N^2}{N\,p - s}}}\right) = \mathsf{P}\,(Z \geqq 0) = 0{,}5,$$

woraus folgt, daß für hinreichend kleine Schranken beider Irrtumswahrscheinlichkeiten nicht $K = \psi^2$ sein kann.

4. Bestimmung eines asymptotischen Konfidenzintervalles für den Nichtzentralitätsparameter zum Konfidenzkoeffizienten $1 - \gamma$ für m Beobachtungen

Wir betrachten die Wahrscheinlichkeit

$$\mathsf{P}\,\psi^2\,(F_1 \leqq F_m^* \leqq F_2) = \mathsf{P}\,\psi^2\,(F_m^* \geqq F_1) - \mathsf{P}\,(F_m^* > F_2) = 1 - \gamma\,.$$

Dabei sollen F_1 und F_2 in Abhängigkeit von ψ^2 so bestimmt werden, daß die Beziehungen

$$\mathsf{P}\,\psi^2\,(F_m^* \geqq F_1) = 1 - \frac{\gamma}{2} \tag{9}$$

und

$$\mathsf{P}\,\psi^2\,(F_m^* > F_2) = \frac{\gamma}{2} \tag{10}$$

gelten.

Da die zufällige Variable F_m^* bekanntlich eine Dichte $p\,\psi^2\,(F_m^*)$ bezüglich des Lebesgueschen Maßes mit monotonem Likelihood-Quotienten in F_m^* besitzt, folgt, daß F_1 eine monoton wachsende Funktion von ψ^2 und F_2 eine monoton wachsende Funktion von ψ^2 ist.

Auf Grund der strengen Monotonie der Funktionen $F_1(\psi^2)$ und $F_2(\psi^2)$ in ψ^2 gilt

$$\mathsf{P}\big(F_1(\psi^2) \leqq F \leqq F_2(\psi^2)\big) = \mathsf{P}\big(F_2^{-1}(F_m^*) \leqq \psi^2 \leqq F_1^{-1}(F)\big)\,.$$

Wir benützen zur Berechnung der Funktionen F_1^{-1} und F_2^{-2} die schon angegebene Näherung für die Wahrscheinlichkeiten (9) und (10) durch die Verteilungsfunktion der standardisierten Normalverteilung. Es gilt dann wegen (8) näherungsweise

$$\mathsf{P}\,\psi^2\,(F_1 \leqq F_m^*) \approx \varphi\left(\frac{r - m\,(F_1 - \psi^2)}{\sqrt{2\,r + 4\,m\,\psi^2 + 2\,\dfrac{m^2\,F_1^2}{m\,p - s}}}\right) = 1 - \frac{\gamma}{2},$$

woraus die Gleichung

$$r - m\,(F_1 - \psi^2) = g_1 \sqrt{2\,r + 4\,m\,\psi^2 + 2\,\frac{m^2\,F_1^2}{m\,p - s}}\,, \tag{11}$$

mit $g_1 = \varphi^{-1}\left(1 - \frac{\gamma}{2}\right)$ folgt.

Da die Beziehung $1 - \frac{\gamma}{2} > 0{,}5$ gilt, folgt, daß g_1 größer als 0 ist.

Entsprechend folgt aus

$$\mathsf{P}\,\psi^2\,(F_m^* > F_2) \approx \varphi\left(\frac{r - m\,(F_2 - \psi^2)}{\sqrt{2\,r + 4\,m\,\psi^2 + 2\,\frac{m^2\,F_2^2}{m\,p - s}}}\right),$$

die Gleichung

$$r - m\,(F_2 - \psi^2) = g_2 \sqrt{2\,r + 4\,m\,\psi^2 + 2\,\frac{m^2\,F}{m\,p - s}}\,, \tag{12}$$

mit $g_2 = \varphi^{-1}\left(\frac{\gamma}{2}\right) = -\,g_1$.

Die Auflösung der Gleichungen

$$r - m\,(F_m^* - \psi^2) = g_1 \sqrt{2\,r + 4\,m\,\psi^2 + 2\,\frac{m^2 (F_m^*)^2}{m\,p - s}} \tag{11'}$$

bzw.

$$r - m\,(F_m^* - \psi^2) = -\,g_1 \sqrt{2\,r + 4\,m\,\psi^2 + 2\,\frac{m^2 (F_m^*)^2}{m\,p - s}} \tag{12'}$$

nach ψ^2 liefert uns dann also die Funktionen $F_1^{-1}(F_m^*)$ und $F_2^{-1}(F_m^*)$.

Man erhält aus (11')

$$\psi^2 = \left(F_m^* - \frac{r}{m} + \frac{2}{m}\,g_1^2\right) \pm \sqrt{\frac{r^2}{m^2} + \frac{4\,g_1^4}{m^2} - \frac{2\,r\,g_1^2}{m^2} + \frac{4\,g_1^2\,F_m^*}{m} + 2\,\frac{(F_m^*)^2\,g_1^2}{m\,p - s}}$$

und aus (12')

$$\psi^2 = \left(F_m^* - \frac{r}{m} + \frac{2}{m}\,g_1^2\right) \pm \sqrt{\frac{r^2}{m^2} + \frac{4\,g_1^4}{m^2} - \frac{2\,r\,g_1^2}{m^2} + \frac{4\,g_1^2\,F_m^*}{m} + 2\,\frac{(F_m^*)^2\,g_1^2}{m\,p - s}}\,.$$

Auf Grund der Bedingungen $g_2 = -\,g_1$, $F_1^{-1}(F_m^*) > F_2^{-1}(F_m^*)$ folgt, daß im ersten Fall nur das positive und im zweiten Fall nur das negative Vorzeichen der Wurzel in Frage kommt. Damit können wir nun das asymptotische Konfidenzintervall zum Konfidenzkoeffizienten $1 - \gamma$ durch das Intervall $[F_2^{-1}(F_m^*),\ F_1^{-1}(F_m^*)]$ angeben, wobei

$$F_1^{-1}(F_m^*) = \left(F_m^* - \frac{r}{m} + \frac{2}{m}\,g_1^2\right) + \sqrt{\frac{r^2}{m^2} + \frac{4\,g_1^4}{m^2} - \frac{2\,r\,g_1^2}{m^2} + 4\,\frac{g_1^2\,F_m^*}{m} + 2\,\frac{(F_m^*)\,g_1^2}{m\,p - s}} \tag{13}$$

und

$$F_2^{-1}(F_m^*) = \left(F_m^* - \frac{r}{m} + \frac{2}{m} g_1^2\right) - \sqrt{\frac{r^2}{m^2} + 4\frac{g_1^4}{m^2} - \frac{2\,r\,g_1^2}{m^2} + 4\frac{g_1^2 F_m^*}{m} + \frac{2(F_m^*)\,g_1^2}{m\,p - s}} \tag{14}$$

ist.

5. Numerisches Beispiel für die Anwendung der Konfidenzintervallmethode beim Nichtzentralitätsparameter ψ^2

Es wird vorausgesetzt, daß die Hypothese H: $\psi^2 \leqq 0{,}1$ gegen die Alternative $\overline{H}$: $\psi^2 \geqq 0{,}3$ geprüft werden soll. Es soll $K = 0{,}23$, $r = 9$, $s = 15$, $p = 20$ gesetzt werden. Dann gilt für die Gütefunktion näherungsweise

$$G(\psi^2) \approx \varphi\left(\frac{r - N\,(K - \psi^2)}{\sqrt{2\,r + 4\,N\,\psi^2 + 2\,\dfrac{N^2\,K^2}{N\,p - s}}}\right).$$

Nehmen wir $M = 200$ Beobachtungen vor, so erhalten wir für die maximale Irrtumswahrscheinlichkeit erster Art $\alpha^* = G(\psi_0^2) = 0{,}0655$ und für die minimale Güte $\beta^* = 0{,}9236 = G(\psi_1^2)$. Wir sehen auch, daß unsere Voraussetzung (V4) erfüllt ist $\left(M > \max\left\{\dfrac{r}{K - \psi_0^2}, \dfrac{r}{\psi_1^2 - K}\right\} = \max\left\{\dfrac{q}{0{,}13}, \dfrac{q}{0{,}07}\right\} = 129\right)$.

Wahl von α und β:

Es sei $\alpha = 0{,}0668$ und $\beta = 0{,}9222$

Bestimmung der oberen Grenze von γ:

$$\gamma \leqq \min\left\{\frac{\alpha - \alpha^*}{1 - \alpha^*}, \quad 1 - \frac{\beta}{\beta^*}\right\} \leqq \min\left\{\frac{0{,}013}{0{,}9345}, \quad 1 - \frac{0{,}9222}{0{,}9236}\right\} \leqq 0{,}0139\,.$$

Wir nehmen nun an, daß mit Hilfe einer Vorstichprobe ein Konfidenzintervall für den Nichtzentralitätsparameter ψ^2 bestimmt wurde, dessen untere Grenze den Wert 33,83 annimmt. (Dieses Konfidenzintervall kann z. B. asymptotisch auf Grund des vorhergehenden Abschnittes bestimmt worden sein.)

Berechnung des Stichprobenumfanges für den Test (Berechnung von $N(33{,}83)$):

Zunächst ist $n_2(33{,}83) = \dfrac{q}{33{,}83 - 0{,}23} \leqq 1$.

Es muß

$$G(33{,}83) \approx \varphi\left(\frac{q - N\,(0{,}23 - 33{,}83)}{\sqrt{18 + 4\,N \cdot 33{,}83 + 2\,\dfrac{N^2 \cdot 0{,}23^2}{N \cdot 20 - 15}}}\right) \geqq 0{,}9236$$

gelten.

Die obige Ungleichung ist offenbar äquivalent mit

$$\frac{q - N\,(0{,}23 - 33{,}83)}{\sqrt{18 + 4\,N \cdot 33{,}83 + 2\,\dfrac{N^2 \cdot 0{,}23^2}{N \cdot 20 - 15}}} \geqq 1{,}43\,.$$

Wir prüfen nach, ob $N = 1$ schon der Ungleichung (15) genügt, d. h. ob die Beziehung

$$\frac{9 + 33{,}60}{\sqrt{18 + 4 \cdot 33{,}83 + 2 \cdot \dfrac{0{,}23^2}{5}}} = \frac{42{,}60}{12{,}4} \geqq 1{,}43$$

gilt. Wir sehen sofort, daß $N = 1$ schon unserer Ungleichung genügt, daher genügt es nun als Statistik für den noch durchzuführenden Test eine Statistik F_1^* zu wählen, wobei die Verteilung der Beobachtungen, welche in diese Statistik eingehen, unabhängig von den zur Konstruktion des Konfidenzintervalles der verwendeten Beobachtungen sein muß.

Ist die nun beobachtete Statistik $F_1^* \geqq 0{,}23$, wird die Hypothese abgelehnt, anderenfalls wird sie angenommen.

Literatur

[1] Lehmann, E. L.: Testing Statistical Hypotheses, New York 1959.

[2] Grimm, J.: Zweistufige Testverfahren mit festen Stichprobenumfängen: Operationsforschung und Mathematische Statistik I, Berlin 1968, pp. 95–105.

Über die Wahl zwischen erwartungstreuen oder nichterwartungstreuen Vorhersagen

Von Helge Toutenburg[1])

Anhand dreier Kriterien werden Vorhersagen im allgemeinen linearen Regressionsmodell mit unterschiedlicher Anzahl von Regressoren verglichen. Eine Bevorzugung der Vorhersage im Modell mit kleinerer Regressorenmatrix gegenüber der Vorhersage im vollen Modell hängt von der Erfüllung gewisser Parameterbedingungen ab, worüber man mit Testverfahren entscheidet.

Einleitung

Das allgemeine lineare Regressionsmodell hat die Gestalt

$$Y = X_1 \beta_1 + \cdots + X_K \beta_K + \varepsilon$$

und ist die hypothetisch formulierte Abhängigkeit eines Regressanden Y von K Regressoren X_i. Die β_i sind die unbekannten Regressionskoeffizienten. Der zufällige Fehler ε beschreibt den Einfluß nicht berücksichtigter oder unkontrollierbarer Größen auf Y. Wir führen T Beobachtungen durch:

$$y_t = x_{1t} \beta_1 + \cdots + x_{Kt} \beta_K + \varepsilon_t = x_t' \beta + \varepsilon_t \qquad (t = 1, \ldots, T)$$

und fassen die Ergebnisse in Matrizenschreibweise zusammen:

$$y = X \beta + \varepsilon .$$

Die Werte der nichtstochastischen Regressoren x_{ti} seien derart gewählt, daß die Matrix X den Rang K hat. Auf Grund des Modells und der vorgenommenen T Beobachtungen will man den Regressanden Y etwa für einen späteren Zeitpunkt $T^* > T$ vorhersagen. Der wahre (unbekannte) Wert von Y zum Index T^* sei $y_{T^*} = y_*$ mit $y_* = x_*' \beta + \varepsilon_*$, wobei x_* der $K \times 1$ Vektor der Regressoren zum Index T^* und ε_* der Skalarwert des zufälligen Fehlers zum Index T^* ist.

Über die Fehler treffen wir die Annahmen

$$\mathsf{E}\,\varepsilon = 0\,, \quad \mathsf{E}\,\varepsilon\,\varepsilon' = \sigma^2 W\,, \quad \mathsf{E}\,\varepsilon_* = 0\,, \quad \mathsf{E}\,\varepsilon_*^2 = \sigma_*^2\,, \quad \mathsf{E}\,\varepsilon\,\varepsilon_* = \sigma^2 w\,.$$

Im allgemeinen wird W ($T \times T$ Matrix) nicht von Diagonalgestalt und analog w ($T \times 1$ Vektor) nicht der Nullvektor sein.

---

[1]) IAMM, DAdW, 108 Berlin, Mohrenstr. 39

W und w werden als bekannt vorausgesetzt, etwa als Gewichtsmatrizen gedeutet. In bisher durchgeführten Untersuchungen (vgl. [1], [2]) wurden Vorhersagen p von y_* durch Minimierung gewisser Risikofunktionen gewonnen. Im Modell $y = X\beta + \varepsilon$ wurde die Risikofunktion $\mathsf{E}(p - y_*)^2$ gewählt. Bei der Ableitung optimaler Vorhersagen kann man zusätzliche Bedingungen stellen, also etwa die Erwartungstreue von p fordern. Die Lösungen der beiden Optimierungsprobleme

$$\left\{\min_p \mathsf{E}(p - y_*)^2 \; ; \quad \mathsf{E}(p - y_*) = 0\right\}$$

bzw.

$$\left\{\min_p \mathsf{E}(p - y_*)^2\right\}$$

sind

$$\hat{p}_1 = x'_* b + w' W^{-1}(y - Xb)$$

bzw.

$$\hat{p}_2 = (\sigma^{-2} x'_* \beta\beta' X' + w')(\sigma^{-2} X\beta\beta' X' + W)^{-1} y \qquad \text{(vgl. [2])}$$

$\big(b = (X' W^{-1} X')^{-1} X' W^{-1} y$: Kleinste-Quadrat-Schätzung$\big)$
$\hat{p}_1$ ist also die optimale erwartungstreue Vorhersage von y_*, $\hat{p}_2$ die optimale Vorhersage von y_* überhaupt (bezüglich des mittleren quadratischen Abstandes als Risikofunktion und des Ansatzes $p = c' y$). Es gilt

$$\hat{\alpha}_2 = \mathsf{E}(\hat{p}_2 - y_*)^2 \leqq \mathsf{E}(\hat{p}_1 - y_*)^2 = \hat{\alpha}_1 .$$

Die nichterwartungstreue Vorhersage $\hat{p}_2$ enthält aber den unbekannten Parametervektor $\sigma^{-1}\beta$, den man also auf bestimmte Weise schätzen und ersetzen muß, um eine praktisch verwertbare Vorhersage zu erhalten. Die so entstehende Vorhersage $\tilde{p}_2$ wird weiterhin nichterwartungstreu, aber nicht mehr notwendig besser als $\hat{p}_1$ sein. Wie etwa in [2] nachgewiesen wurde, hängt das Bestehen der Relation $\tilde{\alpha}_2 = \mathsf{E}(\tilde{p}_2 - y_*)^2 \leqq \hat{\alpha}_1$ in starkem Maße von Zusatzinformation über $\sigma^{-1}\beta$ und von diesem Parametervektor selbst ab.

Wir wollen hier auf der Grundlage einer Arbeit von Webster [3] Vorhersagen vergleichen, die sich in Modellen mit unterschiedlicher Regressionsmatrix X ergeben, wobei die Unterschiede lediglich durch Hinzunahme bzw. Weglassen von Regressoren entstehen sollen. Wir haben die beiden folgenden Probleme zu untersuchen:

Problem 1: Wir setzen die Gültigkeit des Modells $y = X\beta + \varepsilon$ voraus, in dem die Vorhersage $\hat{p}_1$ und die Kleinste-Quadrat-Schätzung b erwartungstreu und optimal im Sinne der Risikofunktionen $\mathsf{E}(\hat{p} - y_*)^2$ und $\mathsf{E}(\hat{\beta} - \beta)'(\hat{\beta} - \beta)$ bezüglich aller erwartungstreuen Vorhersagen $\hat{p}$ bzw. Schätzungen $\hat{\beta}$ sind. Ein Weglassen von Regressoren X_i — etwa vereinigt in der Untermatrix X_2 von $X = (X_1, X_2)$ — liefert neue Vorhersagen und Schätzungen (im Modell $y = X_1\beta_1 + \varepsilon$), die nicht mehr erwartungstreu sind, aber in einem bestimmten Sinn besser als $\hat{p}_1$ bzw. b sein können. Dadurch würde die Eigenschaft der Erwartungstreue an Bedeutung verlieren.

Problem 2: Wir setzen hier die Gültigkeit des Modells $y = X_1\beta_1 + \varepsilon$ voraus, in dem $\hat{p}_{11} = x'_{1*} b_1 + w' W^{-1}(y - X_1 b_1)$ und $b_1 = (X'_1 W^{-1} X_1)^{-1} X'_1 W^{-1} y$ erwartungstreu und optimal sind. Eine Erweiterung des Modells durch Hinzunahme von Regressoren zu $y = X_1 \beta_1 + X_2 \beta_2 + \varepsilon$ liefert die nichterwartungstreuen Statistiken $\hat{p}_1$ und b, die wiederum in einem bestimmten Sinne besser sein können als $\hat{p}_{11}$ und b_1. Wir geben dazu gewisse Kriterien an, die eine Bevorzugung nichterwartungstreuer Schätzungen bzw. Vorhersagen von bestimmten Parameterbedingungen abhängig machen, deren Erfüllung man mittels Tests prüft. Dagegen waren bei den in [2] genannten Problemen ähnliche Parameterbedingungen a-priori als erfüllt vorausgesetzt, was gerade die Zusatzinformation ausmachte. In der Regressionsanalyse ist man daran interessiert, nach Möglichkeit mit weniger Regressoren zu arbeiten. Das liegt einmal an der Verringerung der Varianz der Schätzungen (also an ihrer größeren Genauigkeit), zum anderen daran, daß man unter Umständen gerade solche Regressoren weglassen kann, die nur schwer zu beobachten sind oder deren Beobachtung sehr kostspielig ist. Deshalb sind die folgenden Untersuchungen dem Ziel des Statistikers angepaßt, möglichst mit dem kleinerem Modell zu arbeiten.

1. Vergleichskriterien

Die folgenden Kriterien sind mathematische Formulierungen des Wunsches, mit einer Schätzung möglichst „nahe" an die zu schätzende Größe zu kommen, die wir mit μ bezeichnen wollen.

Kriterium 1: *Wir sagen, daß die Schätzung $\hat{\mu}_1$ „a — näher" an μ liegt als $\hat{\mu}_2$, wenn*

$$\mathsf{P}\{|\hat{\mu}_1 - \mu| < |\hat{\mu}_2 - \mu|\} > 0{,}5 - a^2 \qquad (0 \leqq a^2 < 0{,}5) \tag{1.1}$$

gilt. Die Schätzungen $\hat{\mu}_1$ und $\hat{\mu}_2$ sind reelle Zufallsvariablen. (1.1) *bedeutet also, daß bei einer langen Reihe von Stichproben die Schätzung $\hat{\mu}_1$ in mehr als* (50 $- a^2$ 100)% *der Fälle näher an μ liegt als $\hat{\mu}_2$.*

Kriterium 2: *$\hat{\mu}_1$ heißt eine bessere „K — b-benachbarte" Schätzung von μ als $\hat{\mu}_2$, wenn*

$$\mathsf{P}\{|\hat{\mu}_1 - \mu| < K\} > \mathsf{P}\{|\hat{\mu}_2 - \mu| < K\} - b^2 \tag{1.2}$$

erfüllt ist. b^2 wird vom Statistiker vorgegeben, dabei muß $\mathsf{P}\{|\hat{\mu}_2 - \mu| < K\} - b^2 > 0$ gelten. ($K > 0$ ist eine vorgegebene reelle Zahl). *Das bedeutet, $\hat{\mu}_1$ fällt in einer Reihe von Stichproben bei $b^2 = 0$ häufiger in das Intervall* ($\mu - K, \mu + K$) *als die Schätzung $\hat{\mu}_2$.*

Kriterium 3: *$\hat{\mu}_1$ heißt eine Schätzung von μ mit kleinerer mittlerer quadratischer Abweichung als $\hat{\mu}_2$, wenn*

$$\mathsf{E}(\hat{\mu}_1 - \mu)^2 - c^2 < \mathsf{E}(\hat{\mu}_2 - \mu)^2 \tag{1.3}$$

gilt. Bei erwartungstreuen Schätzungen stehen in (1.3) die Varianzen von $\hat{\mu}_1$ und $\hat{\mu}_2$. ($c^2 \geqq 0$ wird vorgegeben.)

Derartige Vergleichskriterien sind dann besonders interessant und nützlich, wenn sie die Eigenschaft der Transitivität besitzen, weil sie damit die Möglichkeit zur Auswahl einer optimalen Lösung eines Problems aus der Menge aller Lösungen liefern.

Bei $b^2 = 0$ und $c^2 = 0$ trifft das offensichtlich für die Kriterien 2 und 3 zu. Kriterium 1 besitzt diese Eigenschaft im allgemeinen nicht, was etwa folgendes

Beispiel beweist ($a^2 = 0$ gewählt). Gegeben seien drei unabhängige diskrete Variablen X, Y, Z mit den diskreten Realisierungen $\{x_i\} = (3, 6, 7)$, $\{y_i\} = (2, 5, 9)$, $\{z_i\} = (3, 4, 8)$ und den Wahrscheinlichkeiten

$$p_{x_i} = p_{y_i} = p_{z_i} = p = 1/3 \qquad (i = 1, 2, 3)\,.$$

Die zweidimensionalen Variablen (X, Y), (Y, Z) und (X, Z) haben für die Realisierungen (x_i, y_j), (y_i, z_j) und (x_i, z_j) $(i, j = 1, 2, 3)$ die Wahrscheinlichkeiten $p^2 = 1/9$. Damit wird

$$\mathsf{P}(X > Y) = 5/9 > 0{,}5, \quad \mathsf{P}(Y > Z) = 5/9 > 0{,}5, \quad \text{aber}$$
$$\mathsf{P}(X > Z) = 4/9 < 0{,}5\,,$$

woraus die Behauptung folgt.

Da wir im folgenden nur zwei bestimmte Schätzungen bzw. Vorhersagen auf Grund der drei Kriterien vergleichen, ist dabei die Frage der Transitivität nicht unmittelbar von Interesse.

2. Ableitung der Parameterbedingungen zu Problem 1

Wir betrachten folgende normalverteilte Variablen

$$u_1 \in N(\mu - \gamma, \sigma_1^2)\,, \qquad u_3 \in N(\gamma, \sigma_3^2)$$
$$(u_1 \text{ und } u_3 \text{ unabhängig})$$
$$u_2 = u_1 + u_3\,, \qquad u_2 \in N(\mu, \sigma_1^2 + \sigma_3^2) = N(\mu, \sigma_2^2)\,.$$

Wir fassen u_1, u_2 und u_3 als Schätzungen des Parameters μ auf. u_2 ist zwar erwartungstreu, besitzt aber (bei $\sigma_3 \neq 0$) eine größere Varianz als die (bei $\gamma \neq 0$ nichterwartungstreue) Schätzung u_1. Diese beiden Vor- bzw. Nachteile gilt es nun abzuwägen.

Zu Kriterium 1: Das zufällige Ereignis

$$|u_2 - \mu| = |u_1 - \mu + u_3| > |u_1 - \mu| \tag{2.1}$$

zerfällt in folgende alternative Teilereignisse:

1. $(u_1 - \mu) > 0\,, \quad u_3 > 0$
2. $(u_1 - \mu) < 0\,, \quad u_3 < 0$
3. $(u_1 - \mu) > 0\,, \quad u_3 < -2(u_1 - \mu) < 0$
4. $(u_1 - \mu) < 0\,, \quad u_3 > -2(u_1 - \mu) > 0\,.$

Um die gesuchte Wahrscheinlichkeit $\mathsf{P}(|u_1 - \mu| < |u_2 - \mu|)$ besser berechnen zu können, führen wir folgende Transformationen durch:

$$z = -\frac{u_3 - \gamma}{\sigma_3}\,, \qquad w = \frac{u_1 - \mu + 1/2\,(u_3 + \gamma)}{\sqrt{\sigma_1^2 + \sigma_3^2/4}}\,. \tag{2.2}$$

Die Kovarianz beider Variablen ist

$$\varrho = -\frac{\sigma_3}{2\,\sigma_1}\left[1 + \left(\frac{\sigma_3}{2\,\sigma_1}\right)^2\right]^{-1/2} < 0\,, \tag{2.3}$$

so daß (z, w) die zweidimensionale Normalverteilung

$$N\left[(0,0);\ \begin{pmatrix}1 & \varrho\\ \varrho & 1\end{pmatrix}\right]$$

besitzt. Die Variable w läßt sich mit (2.3) schreiben als

$$w = -2\,\varrho/\sigma_3\,[(u_1-\mu) + 1/2\,(u_3+\gamma)]\,,$$

so daß sich das Ereignis (2.1) in

$$\left\{w < -\frac{\gamma}{\sigma_3}\varrho\,,\qquad z > \frac{\gamma}{\sigma_3}\right\} \tag{2.4}$$

und

$$\left\{w > -\frac{\gamma}{\sigma_3}\varrho\,;\qquad z < \frac{\gamma}{\sigma_3}\right\}$$

aufspalten läßt. Damit wird nach kleinen Umformungen

$$\mathsf{P}\,(|u_1-\mu| < |u_2-\mu|) = \mathsf{P}\left(w > -\frac{\gamma}{\sigma_3}\varrho\right) + \mathsf{P}\left(z > \frac{\gamma}{\sigma_3}\right) - 2\,\mathsf{P}\left(w > -\frac{\gamma}{\sigma_3}\varrho\,,\qquad z > \frac{\gamma}{\sigma_3}\right).$$

Wir setzen die Kenntnis des Quotienten σ_3/σ_1 voraus, weil damit ϱ bekannt und γ/σ_3 der einzige unbekannte Parameter in (2.5) ist. Wir werden (2.5) gleich $0{,}5 - a^2$ setzen und für verschiedene Größen von σ_3/σ_1 (und damit von ϱ) unter Benutzung der Tafeln der ein- und zweidimensionalen Normalverteilung die Werte von γ/σ_3 bestimmen, die dieser Beziehung genügen (Tafeln 1, 2, 3). Den so gefundenen kritischen Wert von γ/σ_3 bezeichnen wir mit M. Wenn man beachtet, daß (2.5) monoton fallend in $|\gamma/\sigma_3|$ ist, so ergibt sich gemäß Kriterium 1:

$$\left.\begin{array}{l} \text{für } |\gamma/\sigma_3| < M \text{ liegt } u_1\ a\text{-näher an } \mu\,,\\ \text{für } |\gamma/\sigma_3| = M \text{ sind } u_1 \text{ und } u_2 \text{ gleichwertig}\,,\\ \text{für } |\gamma/\sigma_3| > M \text{ liegt } u_2\ a\text{-näher an } \mu\,. \end{array}\right\} \tag{2.6}$$

(Es ist offensichtlich, daß sich der kritische Wert M mit steigendem a^2 vergrößert.) Entscheidend für eine Bevorzugung von u_1 gegenüber der erwartungstreuen Schätzung u_2 ist also, daß das Verhältnis der Verzerrung (bias) γ von u_1 zur Wurzel aus der zusätzlichen Varianz σ_3^2 bei u_2 einen gewissen Wert, der von einem Parameter ϱ abhängt, nicht übersteigt. Mit einem später angeführten Test wird entschieden, ob das der Fall ist.

Zu Kriterium 2: Wenn wir mit u die standardisierte normalverteilte Variable bezeichnen, d. h. es sei $u \in N(0, 1)$, dann gilt

$$\mathsf{P}\,\{|u_2-\mu| < K\} - b^2 = \mathsf{P}\,(-K\,\sigma_2^{-1} < u < K\,\sigma_2^{-1}) - b^2 = \mathsf{P}\,(u \in I_2) - b^2 \tag{2.7}$$

und

$$\mathsf{P}\,\{|u_1-\mu| < K\} = \mathsf{P}\,[(-K+\gamma)\,\sigma_1^{-1} < u < (K+\gamma)\,\sigma_1^{-1}] = \mathsf{P}\,(u \in I_1)\,. \tag{2.8}$$

Wir wollen feststellen, wann u_1 eine bessere $K - b$-benachbarte Schätzung von μ als u_2 ist, d. h. wann

$$\mathsf{P}\{|u_1 - \mu| < K\} > \mathsf{P}\{|u_2 - \mu| < K\} - b^2 \tag{2.9}$$

gilt. Dafür liefert das folgende Vorgehen eine hinreichende

Bedingung: Wir fordern zunächst $I_1 \supset I_2$, was äquivalent ist mit der Forderung

$$-K\sigma_1^{-1} + \gamma\sigma_1^{-1} < -K\sigma_2^{-1} \quad \text{und} \quad K\sigma_2^{-1} < K\sigma_1^{-1} + \gamma\sigma_1^{-1}, \tag{2.10}$$

woraus wegen $\sigma_1^{-1} - \sigma_2^{-1} > 0$ die Notwendigkeit der Beschränkung von $|\gamma/\sigma_1|$ folgt:

$$|\gamma/\sigma_1| < L = K(\sigma_1^{-1} - \sigma_2^{-1}). \tag{2.11}$$

Bei $b^2 = 0$ ist $I_1 \supset I_2$ für die Erfüllung von (2.9) hinreichend. Bei $b^2 > 0$ wird die Beschränkung von $|\gamma/\sigma_1|$ weniger stark, so daß nicht notwendig $I_1 \supset I_2$ sondern insgesamt (2.9) erfüllt ist. Mit wachsendem b^2 vergrößert sich die obere Schranke von $|\gamma/\sigma_1|$. Setzen wir voraus, daß K als Vielfaches der Standardabweichungen der Variablen u_1 und u_2 vorgegeben wird, dann sind die in den Intervallgrenzen von I_1 und I_2 auftretenden Größen bekannt. Der im Sinne der hinreichenden Bedingung kritische Wert L_0 von $|\gamma/\sigma_1|$ kann damit nach Gleichsetzen von (2.7) und (2.8) durch iterative Nutzung der Tafeln der eindimensionalen Normalverteilung leicht gefunden werden. Da $|\gamma/\sigma_1| = L_0$ gleichwertig ist mit $|\gamma/\sigma_3| = L_0\,\sigma_1/\sigma_3 = L_1$ (σ_1/σ_3 wieder als bekannt vorausgesetzt), ergibt sich

für $|\gamma/\sigma_3| < L_1$ *ist* u_1 *eine bessere* $K - b$*-benachbarte Schätzung als* u_2. (2.12)

(Bei $b^2 = 0$ ist $L_0 = L$.) Auch hier wird eine Entscheidung nach einem Test getroffen.

Zu Kriterium 3: Gemäß (1.3) bestimmen wir die Parameterbedingung, bei der u_1 eine geringere mittlere quadratische Abweichung von μ als u_2 aufweist. Wir haben

$$\mathsf{E}(u_1 - \mu)^2 - c^2 = \gamma^2 + \sigma_1^2 - c^2, \qquad \mathsf{E}(u_2 - \mu)^2 = \sigma_1^2 + \sigma_3^2$$

und damit die notwendige und hinreichende Bedingung

$$|\gamma/\sigma_3| < \sqrt{1 + \frac{c^2}{\sigma_3^2}} = N. \tag{2.13}$$

Die obere Schranke für $|\gamma/\sigma_3|$ ist hier also unabhängig von der Verteilung der Variablen u_1, u_2 und u_3. (N vergrößert sich mit wachsendem c^2). Man wird c als Vielfaches von σ_3 vorgeben, so daß diese obere Schranke bekannt ist.

Fassen wir die bisher erhaltenen Resultate zusammen: Eine Verbesserung der nichterwartungstreuen Schätzung u_1 gegenüber der erwartungstreuen Schätzung u_2 im Sinne der Kriterien 1, 2 bzw. 3 hängt von der Erfüllung der Parameterbedingung $|\gamma/\sigma_3| < \delta_1$ ab, wobei der kritische Parameterwert δ_1 die Werte M, L_1 bzw. N annimmt. Die Testverfahren für die drei Kriterien basieren auf einer einheitlichen Teststatistik; sie werden in Abschnitt 5 abgeleitet.

3. Ableitung der Parameterbedingungen zu Problem 2

Hier betrachten wir folgende normalverteilte Variablen

$$u_1 \in N(\mu, \sigma_1^2), \quad u_3 \in N(\gamma, \sigma_3^2) \qquad (u_1 \text{ und } u_3 \text{ unabhängig}),$$
$$u_2 = u_1 + u_3 \in N(\mu + \gamma, \sigma_1^2 + \sigma_3^2) = N(\mu + \gamma, \sigma_2^2).$$

Die u_i sollen wieder Schätzungen des Parameters μ sein. u_2 ist nicht-erwartungstreu (bei $\gamma \neq 0$) und besitzt außerdem eine größere Varianz als die erwartungstreue Schätzung u_1. Es gilt nun festzustellen, ob und unter welchen Bedingungen u_1 im Sinne der drei Kriterien gegenüber u_2 bevorzugt werden kann.

Zu Kriterium 1: u_1 liegt „a-näher" an μ als u_2, wenn

$$\mathsf{P}\{|u_1 - \mu| < |u_2 - \mu|\} > 0{,}5 - a^2 \tag{3.1}$$

gilt.

D. h. die Ergebnisse aus Abschnitt 2 können analog übertragen werden. Die Transformation hat hier die Gestalt

$$z = -\frac{u_3 - \gamma}{\sigma_3}, \qquad w = -\frac{u_1 - \mu + 1/2\,(u_3 - \gamma)}{\sqrt{\sigma_1^2 + \sigma_3^2/4}} \tag{3.2}$$

mit $z \in N(0, 1)$, $w \in N(0, 1)$. Die Kovarianz beider Variablen ist $-\varrho$, so daß (z, w) die zweidimensionale Normalverteilung $\left[N(0, 0); \begin{pmatrix} 1 & -\varrho \\ -\varrho & 1 \end{pmatrix}\right]$ besitzt. Das zufällige Ereignis $|u_1 - \mu| < |u_2 - \mu|$ zerfällt in die gleichen alternativen Teilereignisse wie in Abschnitt 2. (σ_3/σ_1 wird wieder als bekannt vorausgesetzt.) Damit wird

$$\begin{aligned} &\mathsf{P}(|u_1 - \mu| < |u_2 - \mu|) \\ &= \mathsf{P}\left(w > -\frac{\gamma\varrho}{\sigma_3},\ z < \frac{\gamma}{\sigma_3}\right) + \mathsf{P}\left(w < -\frac{\gamma\varrho}{\sigma_3},\ z > \frac{\gamma}{\sigma_3}\right) \\ &= \mathsf{P}\left(w > -\frac{\gamma\varrho}{\sigma_3}\right) + \mathsf{P}\left(z > \frac{\gamma}{\sigma_3}\right) - 2\,\mathsf{P}\left(w > -\frac{\gamma\varrho}{\sigma_3},\ z > \frac{\gamma}{\sigma_3}\right). \end{aligned} \tag{3.3}$$

Wir setzen diese Wahrscheinlichkeit wieder gleich $0{,}5 - a^2$ und bestimmen den zugehörigen kritischen Wert $\widetilde{M} = M$ von γ/σ_3 zu verschiedenen Parameterwerten ϱ wie bei Problem 1 (Tafeln 1, 2, 3). Da (3.3) monoton fallend in $|\gamma/\sigma_3|$ ist, ergibt sich gemäß (3.1):

$$\left.\begin{array}{l} \text{für } |\gamma/\sigma_3| < \widetilde{M} \text{ liegt } u_1\ a\text{-näher an } \mu \text{ als } u_2, \\ \text{für } |\gamma/\sigma_3| = \widetilde{M} \text{ sind } u_1 \text{ und } u_2 \text{ gleichwertig}, \\ \text{für } |\gamma/\sigma_3| > \widetilde{M} \text{ liegt } u_2\ a\text{-näher an } \mu \text{ als } u_1. \end{array}\right\} \tag{3.4}$$

Zu Kriterium 2: u_1 ist eine bessere $K - b$-benachbarte Schätzung als u_2, wenn

$$\mathsf{P}\{|u_1 - \mu| < K\} > \mathsf{P}\{|u_2 - \mu| < K\} - b^2 \tag{3.5}$$

gilt. Sei $u \in N(0, 1)$, dann wird

$$\mathsf{P}\{|u_2 - \mu| < K\} - b^2 = \mathsf{P}\left(-\frac{K}{\sigma_2} - \frac{\gamma}{\sigma_2} < u < \frac{K}{\sigma_2} - \frac{\gamma}{\sigma_2}\right) - b^2 = \mathsf{P}(u \in I_2) - b^2 \tag{3.6}$$

und

$$\mathsf{P}\,\{|u_1 - \mu| < K\} = \mathsf{P}\left(-\frac{K}{\sigma_1} < u < \frac{K}{\sigma_1}\right) = \mathsf{P}\,(u \in I_1)\,. \tag{3.7}$$

Wir gehen analog zum vorhergehenden Abschnitt vor, um eine hinreichende Bedingung für (3.5) zu finden. Zunächst fordern wir $I_1 \supset I_2$, was äquivalent ist mit der Forderung

$$|\gamma/\sigma_2| < L = K\,(\sigma_1^{-1} - \sigma_2^{-1})\,. \tag{3.8}$$

Diese Forderung reicht bei $b^2 = 0$ aus, um (3.5) zu erfüllen. Bei $b^2 > 0$ vergrößert sich die obere Schranke für $|\gamma/\sigma_2|$ (vgl. Abschnitt 2). Der kritische Wert $\tilde{L}_0$ wird durch Gleichsetzen von (3.6) und (3.7) aus den Tafeln der $N(0, 1)$-Verteilung bestimmt. Da $|\gamma/\sigma_2| = \tilde{L}_0$ gleichwertig ist mit

$$|\gamma/\sigma_3| = \tilde{L}_0\,\sigma_2/\sigma_3 = \tilde{L}_1 \quad (\sigma_2/\sigma_3 \text{ wird als bekannt vorausgesetzt})\,,$$

ergibt sich
für

$$|\gamma/\sigma_3| < \tilde{L}_1 \tag{3.9}$$

ist u_1 eine bessere $K - b$-benachbarte Schätzung als u_2.

$\left(\text{Bei } b^2 = 0 \text{ ist } \tilde{L}_1 = K\,(\sigma_1^{-1} - \sigma_2^{-1})\,\frac{\sigma_2}{\sigma_3}\right)$.

Zu Kriterium 3: u_1 besitzt einen kleineren mittleren quadratischen Abstand als u_2, wenn

$$\mathsf{E}\,(u_1 - \mu)^2 - c^2 < \mathsf{E}\,(u_2 - \mu)^2\,, \tag{3.10}$$

also

$$\sigma_1^2 - c^2 < \sigma_1^2 + \sigma_3^2 + \gamma^2 \tag{3.11}$$

oder äquivalent

$$0 < \sigma_3^2 + \gamma^2 + c^2$$

gilt.

Diese Beziehung ist immer erfüllt, so daß u_1 im Sinne dieses Kriteriums immer besser als u_2 sein wird.

u_2 besitzt gegenüber u_1 die beiden „Nachteile“ der Nichterwartungstreue und einer größeren Varianz, die beide unabhängig voneinander zu einer Vergrößerung des mittleren quadratischen Abstandes von μ führen. Dagegen verteilen sich bei Problem 1 diese Nachteile auf beide Variablen u_1 und u_2.

Fassen wir die Ergebnisse zusammen: Eine Bevorzugung der Schätzung u_1 gegenüber u_2 hängt von der Erfüllung der Parameterbedingung $|\gamma/\sigma_3| < \tilde{\delta}_1$ ab, wobei $\tilde{\delta}_1 = \tilde{M}$ bzw. $\tilde{L}_1$ ist. Legt man Kriterium 3 zugrunde, so wird man sich immer für u_1 entscheiden.

Die kritischen Parameterwerte δ_1 bzw. $\tilde{\delta}_1$ vergrößern sich mit wachsendem a^2, b^2 bzw. c^2. D. h. je mehr man die Forderungen an u_1 zur Bevorzugung gegenüber u_2 abschwächt, desto häufiger wird man sich für das kleinere Modell entscheiden, weil durch die Abschwächung eine Vergrößerung des Annahmebereiches von u_1 erreicht wird.

4. Anwendung auf die lineare Regression

Wir spalten zunächst die Regressorenmatrix X in zwei $T \times u$ bzw. $T \times v$ Teilmatrizen X_1 bzw. X_2 auf $(u + v = K)$: $X = (X_1, X_2)$, entsprechend auch den Koeffizientenvektor β in $\beta = \begin{pmatrix} \beta_1 \\ \beta_2 \end{pmatrix}$. Damit wird

$$y = X_1 \beta_1 + X_2 \beta_2 + \varepsilon . \tag{4.1}$$

Es sei $\varepsilon \in N(0; \sigma^2 W)$. (Wir beschränken uns auf den Fall „$w = 0$“, da sonst im allgemeinen keine Aufspaltung von $\hat{p}_1$ in zwei unabhängige (u_1 und u_3 entsprechende) Bestandteile möglich ist. Das liegt an dem „unsymmetrischen“ Anteil $w' W^{-1} y$.)

Das um X_2 reduzierte Modell hat die Gestalt

$$y = X_1 \beta_1 + \varepsilon . \tag{4.2}$$

Die verallgemeinerte Kleinste-Quadrat-Schätzung b von β im vollen Modell läßt sich unter Verwendung der Formel der partiellen Inversion einer Matrix aufspalten:

$$b = \begin{pmatrix} b_1 + S_{11}^{-1} S_{12} D^{-1} S_{21} b_1 - S_{11}^{-1} S_{12} D^{-1} X_2' W^{-1} y \\ - D^{-1} S_{21} b_1 + D^{-1} X_2' W^{-1} y . \end{pmatrix} \tag{4.3}$$

Dabei ist $b_1 = (X_1' W^{-1} X_1)^{-1} X_1' W^{-1} y$ die Kleinste-Quadrat-Schätzung von β_1 im Modell (4.2), $S_{ij} = X_i' W^{-1} X_j$ $(i, j = 1, 2)$ und $D = S_{22} - S_{21} S_{11}^{-1} S_{12}$. Führen wir die Bezeichnungen

$$z' = x_{2*}' - x_{1*}' S_{11}^{-1} S_{12} , \qquad Z = X_2 - X_1 S_{11}^{-1} S_{12} , \tag{4.4}$$
$$b_2 = (Z' W^{-1} Z)^{-1} Z' W^{-1} y$$

ein, wobei $D = (Z' W^{-1} Z)$ und $Z' W^{-1} X_1 = 0$ gilt, dann haben wir folgende Aufspaltung der Vorhersage im vollen Modell:

$$\begin{aligned} u_2 &= \hat{p}_1 \in N(x_{1*}' \beta_1 + z' \beta_2; \sigma_2^2) = N(\mu + \gamma; \sigma_2^2) , \\ u_1 &= \hat{p}_{11} \in N(x_{1*}' \beta_1; \sigma_1^2) = N(\mu; \sigma_1^2) , \\ u_3 &= z' b_2 \in N(z' \beta_2; \sigma_3^2) = N(\gamma; \sigma_3^2) . \end{aligned} \tag{4.8}$$

Das Verhältnis σ_2/σ_3 ist bekannt, so daß $\tilde{M}$ bestimmt werden kann. Wird K als Vielfaches von σ vorgegeben, so läßt sich $\tilde{L}_1$ berechnen, so daß die beiden Werte von $\tilde{\delta}_1$ zur Verfügung stehen.

5. Das Entscheidungsproblem

Wir definieren zunächst eine (für beide Probleme einheitliche) Teststatistik. Die gewöhnliche Fehlerquadratsumme bei der Regressionsanalyse ist

$$\begin{aligned} s^2 &= \hat{\varepsilon}' W^{-1} \hat{\varepsilon} (T - K)^{-1} = (y - X b)' W^{-1} (y - X b) (T - K)^{-1} \\ &= (y' W^{-1} y - y' W^{-1} X S^{-1} X' W^{-1} y) (T - K)^{-1} \end{aligned} \tag{5.1}$$

mit $s^2 = \sigma^2 (T - K)^{-1} \chi^2_{T-K}$. und $S = X' W^{-1} X$.

Damit besitzt die Testgröße

$$F = \left(\frac{u_3 \cdot \sigma}{\sigma_3 \cdot s}\right)^2 \tag{5.2}$$

eine nichtzentrale F-Verteilung mit den Freiheitsgraden $(1, T - K)$ und dem Nichtzentralitätsparameter

$$\delta^2 = |\gamma/\sigma_3|^2 .$$

Zu Problem 1 (Kriterium 1 und 3): Wie bereits oben ausgeführt, ist man in der Praxis daran interessiert, y_* auf Grund des Modells $y = X_1 \beta_1 + \varepsilon$ vorherzusagen, d. h. u_1 gegenüber u_2 zu bevorzugen. Das drückt sich in der Abschwächung der Kriterien 1 und 3 durch Vergrößerung von a^2 bzw. c^2 aus. Man wird sich für u_1 entscheiden, wenn

$$\mathsf{P}(|u_1 - \mu| < |u_2 - \mu|) > 0{,}5 - a^2 \quad \text{bzw.} \quad \mathsf{E}(u_1 - \mu)^2 - c^2 < \mathsf{E}(u_2 - \mu)^2$$

gilt. Eine Bevorzugung von u_2 gegenüber u_1 erfolgt, wenn

$$\mathsf{P}(|u_1 - \mu| < |u_2 - \mu|) \leqq 0{,}5 - a^2 - \varepsilon_1^2$$

bzw.

$$\mathsf{E}(u_1 - \mu)^2 - c^2 - \varepsilon_3^2 \geqq \mathsf{E}(u_2 - \mu)^2$$

gilt. Für

$$0{,}5 - a^2 > \mathsf{P}(|u_1 - \mu| < |u_2 - \mu|) > 0{,}5 - a^2 - \varepsilon_1^2$$

bzw.

$$\mathsf{E}(u_1 - \mu)^2 - c^2 > E(u_2 - \mu)^2 > \mathsf{E}(u_1 - \mu)^2 - c^2 - \varepsilon_3^2$$

ist es dem Praktiker gleichgültig, welche der beiden Vorhersagen benutzt wird. Dementsprechend lautet die Nullhypothese H_0: $\delta < \delta_1$, d. h. H_0: „u_1 besser als u_2" im Sinne der Kriterien 1 und 3, und die Alternativhypothese H_1: $\delta \geq \delta^* > \delta_1$. Dabei ist δ_* der zu $(a^2 + \varepsilon_1^2)$ bzw. $(c^2 + \varepsilon_3^2)$ gehörende kritische Wert von δ der beiden Kriterien. Zu vorgegebener Wahrscheinlichkeit α bestimmt man aus den Tafeln der nichtzentralen $F_{1,T-K}$-Verteilung einen kritischen Wert $F_{1,T-K,\alpha}$ so, daß

$$\mathsf{P}(F \geqq F_{1,T-K,\alpha} | \delta = \delta_1) = \alpha \tag{5.3}$$

gilt. Die Nullhypothese wird angenommen, wenn „$F < F_{1,T-K,\alpha}$" gilt. Bezeichnen wir die Wahrscheinlichkeiten (in Abhängigkeit vom Parameter δ) für die Annahme der unverzerrten Vorhersage u_2 mit $\mathsf{P}_\delta(u_2)$ und entsprechend für die verzerrte Vorhersage u_1 mit $\mathsf{P}_\delta(u_1)$, dann gilt für die Irrtumswahrscheinlichkeit 1. Art

$$\mathsf{P}_\delta(u_2) \leq \alpha \quad (\delta < \delta_1) \quad \text{(vgl. auch [4])} . \tag{5.4}$$

Liegt der Stichprobenumfang T fest, dann berechnen wir

$$\mathsf{P}_{\delta_*}(u_1) = \mathsf{P}(F < F_{1,T-K,\alpha} | \delta = \delta_*) = \beta . \tag{5.5}$$

Für die Irrtumswahrscheinlichkeit 2. Art gilt dann

$$\mathsf{P}_\delta(u_1) \leqq \beta \quad (\delta \geqq \delta_*) . \tag{5.6}$$

Ist umgekehrt β vorgegeben, so läßt sich aus (5.5) die zugehörige minimale Stichprobenlänge T bestimmen.

Zu Problem 1 (Kriterium 2): Wir konnten im Abschnitt 2 lediglich eine hinreichende Parameterbedingung für die Annahme von u_1 angeben. Entsprechend ist die Bedingung „$\delta \geqq L_1$" nur notwendig für eine Bevorzugung von u_2 gegenüber u_1. Notwendig und hinreichend wäre

$$\mathsf{P}\{|u_1 - \mu| < K\} < \mathsf{P}(|u_2 - \mu| < K) - b^2 - \varepsilon_2^2, \tag{5.7}$$

wobei man hier die äquivalenten Parameterbedingungen nicht kennt. Wir werden deshalb den Test folgendermaßen konstruieren. Die Hypothesen sind

$$H_0 : \delta \geqq L_1 \quad \text{bzw.} \quad H_1 : \delta < L_1 .$$

Zu vorgegebenem α bestimmen wir analog zu (5.3) einen kritischen Wert $F_{1,T-K,1-\alpha}$:

$$\mathsf{P}(F < F_{1,T-K,1-\alpha} | \delta = L_1) = \alpha . \tag{5.8}$$

Für $F \geqq F_{1,T-K,1-\alpha}$ wird H_0 angenommen. Damit gilt für die Irrtumswahrscheinlichkeit 1. Art

$$\mathsf{P}_\delta(u_1) < \alpha \tag{5.9}$$

(im (5.7) entsprechenden Parameterbereich).

Über die Irrtumswahrscheinlichkeit 2. Art läßt sich aus den oben angeführten Gründen nichts aussagen. Die eigentliche Annahmebedingung für u_1 ist

$$\mathsf{P}(|u_1 - \mu| < K) > \mathsf{P}(|u_2 - \mu| < K) - b^2 . \tag{5.10}$$

Durch Beschränkung auf den Parameterbereich „$\delta < L_1$" wird sie verschärft, so daß man wieder durch Vergrößerung von b^2 in (2.9) einen Ausgleich dazu schafft. Das beruht auf dem oben begründeten Interesse des Statistikers an einer Bevorzugung von u_1.

Zu Problem 2: Die Testverfahren bezüglich der Kriterien 1 und 2 beruhen hier auf den kritischen Werten $\tilde{\delta} = \tilde{M}$ bzw. $\tilde{\delta} = \tilde{L}_1$ (vgl. Abschnitt 3) und verlaufen analog zu den Tests bei Problem 1. Bei Kriterium 3 wird man sich immer für u_1 entscheiden, also keinen Test vornehmen.

Tafel 1

$|\gamma/\sigma_3| = M$ so, daß $P\{|u_1 - \mu| < |u_2 - \mu|\} = 0{,}5$ gilt.

$-\varrho$	0,05	0,10	0,20	0,30	0,40	0,50	0,60	0,70	0,80	0,90
σ_3^2/σ_1^2	0,01	0,04	0,17	0,40	0,76	1,33	2,25	3,84	7,11	17,05
M	0,90	0,89	0,88	0,85	0,84	0,83	0,80	0,77	0,75	0,71

Tafel 2

$|\gamma/\sigma_3| = M$ so, daß $P\{|u_1 - \mu| < |u_2 - \mu|\} = 0{,}4$ $(a^2 = 0{,}1)$ gilt.

$-\varrho$	0,10	0,20	0,30	0,40	0,50	0,60	0,70	0,80	0,90
σ_2^3/σ_1^2	0,04	0,17	0,40	0,76	1,33	2,25	3,84	7,11	17,05
M	2,56	1,65	1,41	1,23	1,14	1,06	1,00	0,94	0,89

Tafel 3:

$|\gamma/\sigma_3| = M$ so, daß $P\{|u_1 - \mu| < |u_2 - \mu|\} = 0{,}3$ $(a^2 = 0{,}2)$ gilt.

$-\varrho$	0,20	0,30	0,40	0,50	0,60	0,70	0,80	0,90
σ_3^2/σ_1^2	0,17	0,40	0,76	1,33	2,25	3,84	7,11	17,05
M	2,65	1,95	1,63	1,46	1,34	1,24	1,16	1,09

Literatur

[1] GOLDBERGER, A. S.: Best linear unbiased prediction in the generalized linear regression model. J. Amer. statist. Assoc. **57**, 369–375 (1962).

[2] TOUTENBURG, H.: Vorhersage im allgemeinen linearen Regressionsmodell mit Zusatzinformation über die Koeffizienten. Operationsforschung und Math. Statistik, Sb. I, Berlin 1968, pp. 107–120.

[3] WEBSTER, J. T.: On the use of a biased estimator in linear regression. J. Indian statist. Assoc. **3**, 82–90 (1965).

[4] HODGES, J. L. Jr., and E. L. LEHMANN: Testing the validity of statistical hypotheses. J. Roy. statist. Soc., Ser. B, **16**, 261–268 (1954).